U0274792

陕北黄土区
植物根系抗侵蚀研究

李强　张正　脱登峰　亢福仁　张荟瑶　著

中国水利水电出版社
www.waterpub.com.cn
·北京·

内 容 提 要

本书的主要内容包括：综述了植物根系研究历史、根系抗侵蚀动态发展；分析陕北黄土水蚀主导区植物根系抗侵蚀机理；研究植物根系抗侵蚀的季节性特征，以及黄土区典型退耕模式下植物根系抗侵蚀特征；研究了陕北水蚀风蚀交错区沙生植被根系对土壤水蚀、风蚀，以及水蚀风蚀交错发生的调控效应。

本书可为正确认识植物根系抗侵蚀机理、效应及黄土区生态环境建设提供数据支撑和科学依据。本书适合水土保持领域的相关研究人员及高等院校相关专业的师生参考。

图书在版编目（CIP）数据

陕北黄土区植物根系抗侵蚀研究 / 李强等著. -- 北京：中国水利水电出版社，2019.4
ISBN 978-7-5170-7682-7

Ⅰ.①陕… Ⅱ.①李… Ⅲ.①黄土区－植物－根系－土壤侵蚀－防治－研究－陕北地区 Ⅳ.①S157

中国版本图书馆CIP数据核字(2019)第092841号

书　　名	陕北黄土区植物根系抗侵蚀研究 SHANBEI HUANGTUQU ZHIWU GENXI KANGQINSHI YANJIU
作　　者	李强　张正　脱登峰　亢福仁　张荟瑶　著
出版发行	中国水利水电出版社 （北京市海淀区玉渊潭南路1号D座　100038） 网址：www.waterpub.com.cn E-mail：sales@waterpub.com.cn 电话：(010) 68367658（营销中心）
经　　售	北京科水图书销售中心（零售） 电话：(010) 88383994、63202643、68545874 全国各地新华书店和相关出版物销售网点
排　　版	中国水利水电出版社微机排版中心
印　　刷	北京瑞斯通印务发展有限公司
规　　格	140mm×203mm　32开本　4.625印张　158千字
版　　次	2019年4月第1版　2019年4月第1次印刷
印　　数	0001—1000册
定　　价	28.00元

凡购买我社图书，如有缺页、倒页、脱页的，本社营销中心负责调换

版权所有·侵权必究

前　言

　　植物根系不仅从土壤中吸收水分、养分，而且参与土壤中的能量流动和物质循环，在植被恢复、土地复垦和农业土壤资源化利用中扮演着极为重要的角色。利用植物对边坡进行加固具有悠久的历史，Krabel 于 1936年首次在美国采用植物固坡措施，随后植物对边坡的加固作用越来越受到重视。通常来讲，植被根系与土壤形成根土复合体，具有深根锚固、浅根加筋的作用。植被根系通过以下两种方式维持边坡土体的稳定性：一种是将根系看成类似于土钉的杆件直接加入土体中进行分析；另一种是将含根土层看成根土复合体，用一个相当的增强层来代替含根土层而进行分析。植物根系能显著抑制土壤侵蚀过程，实现固土护坡的目标。

　　陕北黄土区是我国水土流失最严重的地区之一。早在 20 世纪 60 年代，朱显谟就指出，植被是水土保持中最有效和最根本的方法，并证实这种作用主要来源于根系对土体的缠绕、固结和串连，使土体拥有较高的水稳性结构和抗冲强度，从而具有较强的抗侵蚀功效。本书共分为 7 章。首先，在综述植物根系研究历史、根系抗侵蚀动态发展的基础上，探究了陕北黄土水蚀区植物根系抗侵蚀机理（第 1、2 章）；然后，研究了植物根系抗侵蚀的季节性特征，以及黄土区典型退耕模式下植物根系抗侵蚀特征（第 3、4 章）；最后，研究了陕北水蚀风蚀交错区沙生植被根系对土壤水蚀、土壤风蚀，以及水蚀风蚀交错发生的调控效应（第 5～7 章）。以期为正确认识植物根系抗侵蚀机理、效应及黄土区生态环境建设提供数据支撑和科学依据。

本书是作者自 2008 年以来，在陕西省陕北矿区生态修复重点实验室的支持下，对中国科学院战略性先导科技专项（XDA05060300）、国家自然科学地区基金地区项目"水蚀风蚀交错区沙柳根系固土抗侵蚀机理研究"（41661101）、国家自然科学青年基金项目"优势植物根系构架对矿区排土场新构土体土壤抗侵蚀的影响机理"（41807521）、国家自然科学基金地区项目"季节性冻融作用对矿区土壤结构演变及侵蚀响应研究"（41867015）、黄土高原土壤侵蚀与旱地农业国家重点实验室开放项目"毛乌素沙地沙柳枯落物格局形成及侵蚀响应"（A3142018－01）相关研究工作的总结。本书主要是在李强、张正、脱登峰等学位论文的基础上，由李强编撰完成。感谢刘国彬、许明祥、陈云明、上官周平等学者对本书相关研究工作的建议与支持。感谢中国科学院水利部水土保持研究所安塞水土保持综合试验站对野外研究工作与生活的支持。感谢王兵、樊良新、张健、徐明、张超、李泰君、肖列、刘泉、周正朝、董文财、王宁、高晓东、丁少男、赵冬、李文达、邱甜、王爱国、马海龙、刘涛、袁子成、张昌胜、张婷、孙彩丽、高丽倩、孙会、张雄、卞耀军、段义忠、徐伟洲、马春艳、张宁宁、白芸、付咪咪等在不同方面给予的帮助和支持。本书的撰写得到了国家自然科学基金项目（41807521，41661101，41867015，41761026）、国家重点研发计划"典型脆弱生态修复与保护研究"专项（2016YFC0501700）、黄土高原土壤侵蚀与旱地农业国家重点实验室开放项目（A3142018－01）、陕西省陕北矿区生态修复重点实验室开放基金（ZZXM201804）、榆林市科技局产学研合作项目（2014CXY－12）、榆林学院学术著作出版基金项目的资助，这里表示感谢。

本书主要由李强执笔撰写，其他作者负责数据整理分析、校稿和统稿工作。

由于时间仓促，作者水平有限，纰漏和不足之处在所难免，敬请读者不吝赐教，批评指正。

作者

2019 年 3 月于榆林

目　　录

第1章 研究现状与发展趋势

　　植物根系既从土壤中吸收水分、养分，又参与土壤中的能量流动和物质循环，在植被恢复、土地复垦和农业土壤资源化利用中扮演着极为重要的角色。20 世纪 60 年代，朱显谟指出，植被根系通过与土壤之间的缠绕、固结和串连作用，使土体拥有较高的水稳性结构和抗侵蚀强度，是水土保持极为有效的措施之一。近年来，由于科学技术的快速发展和生态环境建设的迫切需要，植物根系固土研究成为根系研究的热点，尤其是根系固土抗侵蚀机制及效应研究成为一个正在拓展的具有学科交叉性的新领域。

1.1　根系的研究历史

　　18 世纪 20 年代，英国学者开始对栽培植物根系利用土壤空间范围所进行的探讨是系统研究植物根系的初始阶段。例如，Hales（1727）应用剖面挖掘方法，测定根系重量和长度，研究了栽培作物根系的形态学特征。然而，据 Miller（1974）在《根的植物学与形态学》一书中统计的 2975 篇参考文献，97.5% 是 1890 年以后发表的。因此，从科学角度来系统研究植物根系应是 19 世纪末开始（刘晓冰 等，2001）。当时，美国、俄国及德国等国家应用多种方法，对果树、作物、林木和草本植物根系进行了野外动态观察研究，如植物根毛的形成、根的生长、无机养分的吸收以及与根系形成有关的植物激素等方面均开展了不同层次的研究。20 世纪 20 年代以后，人们不再满足于对植物根系自身特点的认识，开始重视根系生长与"水、土、气、生"等生态要素的关系研究，即根系生态学研究。例如，以 Weaver（1926）

的《大田作物根系的发育》《蔬菜作物根系发育》两本书为代表，开创了根系生态学有关田间根系形成的研究先河。随后，Kutschera（1960）继承了 Weaver 等的研究思路，对根系在自然条件下的生态学方面进行了研究。同时，英国、加拿大、澳大利亚、德国等国家建立了一批现代化的根系实验室，对木本植物根系的生长发育特征、与地上部分的生长关系及其对土壤生态因子的影响等诸多方面进行了卓有成效的研究。而后，以欧洲为中心成立了国际根研究学会，召开了根系研究的国际研讨会，这些国际性学术交流平台使根系研究日益成为科学家关注的热点问题，促使根系研究日趋朝着专业化、综合化方向发展，其研究方向大致可划分为以下几个方面：

（1）根系化学研究：以开发利用根及根皮的天然次生产物等为目的。

（2）根系力学研究：以根系的固土作用及其与坡面土体稳定性关系为主要内容。

（3）根系生理学研究：以根系生长发育、水分生理和根渗出物为主要对象。

（4）根系生态学研究：探讨根系分布、分解、竞争、损伤及生态因子对根生长影响。

（5）根系病虫害研究：以根系腐烂、疫病为主要内容。

同时，在根系研究方法方面也得到了快速的发展，根系的研究大都应用土钻法或其他方法获取含根土壤样品，测定根长、根重、根表面积等根系参数。20 世纪 60 年代，放射性示踪原子技术的出现大大促进了根系研究，现代化的根系实验室的出现为更多地获取根系生长的动态资料提供了技术支撑；20 世纪 70—80 年代，伯姆等先后出版了有关根系研究的著作，系统总结了世界范围内有关根系研究的主要方法，极大地推动了根系研究的深入展开。同时，现代科学技术的应用也为根系研究提供了新的途径，在经典研究方法的基础上产生了放射自显影技术、微速摄影法、核破共振扫描法、微根区管法、电容桥等新方法，使得在保持根系及根系原始状态条件下精确地测定有关根系参数成为可能。同时，根系扫描技术及其相应的根系图像分析软件（如WIN-Rhizo 软件）开始广泛应用，进一步为根系分级、根系长度、根系表面积、根系分支等根系特征参数的精确获取提供了有力的技术支撑。

1.2　根系固土抗侵蚀研究动态

1.2.1　根系固土研究

　　利用植物来固持土壤，保持堤防边坡稳定至少可追溯到我国明朝时期。然而，有关根系固土功能、防止地表冲刷及增加坡面抗滑能力等的研究则始于 20 世纪 30 年代。Holch（1931）首次提出有关不同森林植被根系对坡面稳定的影响。20 世纪 70 年代，许多研究表明，林木砍伐后其根系防止土体崩塌的能力也会衰退。例如，Burroughs 等（1977）研究发现在森林砍伐后的前 3 年根系数量显著减少，单根的抗拉强度也迅速衰退。当林木砍伐 48 个月后，与活根相比，直径为 1cm 根丧失 74% 的抗拉强度。这些研究结果表明，小于 1cm 的根系有效地影响着砍伐后边坡的稳定。与此同时，评价根系强化土体稳定性指标筛选方面也取得了丰硕的成果，先后有学者用根生物量、根长、根径、单位土壤截面积上直径不大于 1mm 须根的数量、根表面积密度等参数来表征根系对土体稳定性的增强效能，也有研究基于分形理论，用根系分形维数、分枝率、分枝角度、拓扑结构等参数来描述土体稳定性与根系空间特征的关系。例如，有研究表明，根系的存在增加了土体的剪切强度，该剪切强度随土壤内的根密度或者根横截面积的增大而增大。杨亚川等（1996）在上述研究基础上，以草本植被为研究对象，提出了"土壤-根系复合体"的新概念，将根系与土壤视为一体，研究认为复合体的抗剪强度与法向压力的关系符合库仑定律，复合体抗剪强度随含根量增加而增大，随含水量增多而减小。可见，通过综述前人研究发现，根系的固土作用主要表现为以下 3 种方式：

（1）网络作用：由于根系的交织穿插把较小结构的土块组成大的土块，在水流冲击作用下，不易被分散解体。

（2）护挡作用：受水流的冲刷而导致部分根系外露，对上面冲来的土块起到阻挡缓冲作用。

（3）牵拉作用：土粒紧密地附着在根系的周围，即使根系在水中飘动，土粒也不易被冲走。

20 世纪 70 年代，吴钦孝等学者假设：①含根土壤土体与根系紧密接触，破坏方式都为断裂；②所有根系都垂直于直剪面；③所有根系受力同时破坏。在此前提下，基于库伦-库尔定律，构建了根系强化土壤稳定性的先驱力学模型（Wu 模型），即"加筋土理论"。然而，相关研究表明植物根系并非都垂直于直剪面，所有的根系并非同时被破坏，Wu 模型在上述三个假设的基础上，得出的数值高估了植物根系的固土效应，高估值可达 150%。为此，1982 年 Gray 和 Leiser 在 Wu 模型的基础上考虑了倾斜根系在土壤中的应力和位移的变化，提出了倾斜根系的固土模型。2005 年，Pollen 等学者通过纤维模拟植物根系，测试了纤维束所承受的最大荷载值，结果得到的值比所有单根强度相加之和要小得多，并对 Wu 和 Waldron 的增强模型进行了改进，建立了动态纤维束模型（FBM，Fiber Bundle Model）来考虑剪切过程中根系逐渐断裂的行为。然而，这一模型在实践中又被发现存在同荷载重分配现象，在低密度根系时过高地估计了根系的固土作用，原因是在土壤受到剪切时所有的剪切力都转换为根系的拉力；而在高密度根系时又低估了根系的固土能力，原因是该模型假设所有的根系都具有相同的弹性特性，同时忽视了侧根固土效应。于是，2010 年，Schwarz 等提出了根束增强模型（RBM，Root Bundle Model）来评价根的增强效应。RBM 模型是在 FBM 模型的基础上，充分考虑根的强度、直径、长度、弯曲、分支以及土壤含水量、根土间的摩擦作用，是一个以位移控制加载过程的纤维束模型。Schwarz 的根束增强模型是目前根系固土理论模型中考虑因素较为全面，模拟结果最为准确的模型，因此在根系固土理论研究中越来越受到其他学者的重视。但是根束增强模型是基于乔木根系的理论模型，对于草本植物根系的固土作用模拟结果还不理想，有待于进一步的研究。此外，Eka-nayake 和 Phillips（1999，2002）以剪切过程中消耗的能量与根-土复合体抗剪强度对应的关系为基础，提出了根系固土作用能量法模型。该模型根据素土、根-土复合体应力-应变关系曲线推测根系对土壤抗剪强度的增强作用，视角独特，计算简便，但模型在含有较粗根系的土壤中以及根系处于潜在剪切面之上情形的，其计算精度较差，应用具有一定局限性。

1.2.2 土壤抗侵蚀研究

黄土区土壤抗侵蚀很大程度上依赖土壤抗冲能力。土壤抗冲性是由朱显谟根据黄土区土壤侵蚀的特征在 20 世纪 50 年代提出，并将土壤抵抗径流破坏作用的能力划分为土壤抗冲性（Anti - scouribility）和抗蚀性（Anti - erodibility）两种性能（朱显谟，1960）。所谓土壤抗冲性，即指土壤抵抗降雨径流对其机械破坏和推动下移的性能，它主要取决于土粒间和微结构间胶结力和结构体间抵抗离散的能力以及地面覆被情况，土壤抗蚀性与雨滴溅蚀和片蚀有密切关系，而抗冲性则与沟蚀（如细沟、浅沟）关系密切。土壤抗蚀性与其内在的土壤理化性质关系较大，而土壤抗冲性则与土壤的物理性质以及外在生物学因素关系较大。20 世纪 80 年代，土壤抗冲性的研究进入活跃期，主要集中在土壤抗冲性的测试方法、评价指标、影响因素以及抗冲性的时空变化特征等。从科学研究角度出发，土壤抗冲性的试验研究是由苏联土壤学家古萨克发起，经过几十年的发展，我国的土壤学工作者对土壤抗冲性做了大量的研究。在抗冲性的区域分异规律、影响因素等方面均取得了重要进展。例如，李勇等（1990，1998）利用索波列夫抗冲仪，测定了黄土高原 4 种土壤类型中的土壤抗冲性及土壤入渗能力，并结合土壤物理性质指标，将黄土高原土壤抗冲性分为 5 个等级，发现土壤抗冲性分布特征是由北向南逐渐增强（李勇 等，1993）。同时，该研究分析了黑垆土、灰褐土、黄绵土和灰钙土土壤剖面构型特征与土壤抗冲性的关系。朱显谟等认为黄土区土壤渗透性强以及土壤抗冲性弱的特征与黄土自身的沉积方式有关，黄土堆积以后更有利于植被的生长，使土壤渗透性得到巩固，土壤抗冲性相应得到改善。蒋定生等（1995）通过采集原状土，利用上述冲刷装置对吕梁山以西、长城沿线以南、渭河以东和甘肃黄河以东的 106 个县（市、区、旗）范围内土壤抗冲性进行了更为系统的研究，发现土壤抗冲性存在由西北向东南以及自北向南递增的规律性，且随纬度而变化的规律性更为显著，并根据土壤抗冲性系数的大小，参照土壤入渗速率、崩解速率和颗粒组成等，将黄土高原土壤抗冲性划分为极强、较强、一般、很弱和极弱。

在土壤抗冲性研究方法探索方面，苏联土壤学家古萨克曾用小型水槽，内装风干磨碎筛过的扰动土壤样品进行实验，但此方法在我国黄土区试用，结果不理想。目前主要用原状土冲刷土槽法和借助索波列夫仪用恒压水柱直接冲刷土层，并以冲刷模数、抗冲强度及抗冲指数等评价土壤抗冲性。研究者们先后就这两种方法进行了不同程度的改进和应用。例如，李勇等（1998）采用原状土冲刷土槽法（指在一定坡度、一定雨强下，冲刷 1g 土所需时间或水量）模拟黄土高原常见降雨强度（0.5mm/min、2.0mm/min、4.0mm/min）、降雨历时（15min），先后对沙棘、刺槐、柠条等木本植物和草本植物根系与土壤抗蚀、抗冲性进行了研究。研究结果认为植物根系有助于稳定土体：当林龄小时，主要是根系的机械缠绕固结作用；当林龄增大时，还可以通过增加有机质含量和大于 2mm 粒级的水稳性团聚体来稳定土体，而且植物有效根（0.1～0.4mm）分布自上而下遵从指数分布。植物根系强化土壤抗冲性与有效根密度在极显著水平（$P < 0.01$）上呈幂函数关系，草本植物地上部分茎叶对减少土壤冲刷起一定作用，地下部分根系在降低土壤冲刷量方面起决定性作用。Gyssels et al.（2005）在比利时通过密植黑小麦的方法来增加根

系。研究发现，在两倍密植的条件下植物根系对土壤抗侵蚀的贡献率在整个生长季内可以达到 42%，尤其在前期更为重要。张家洋等（2010）应用索波列夫抗冲仪、水稳性指数法、同心环法对嫩江大堤树木根系及土壤抗蚀抗冲和土壤渗透性进行测定分析，均认为同一地段土壤的抗蚀、抗冲指数表土层大于底土层，尤其是根径不大于 2mm 的细根有较强的固持土壤功能，土壤抗冲指数与根长、根量存在显著的相关性，且土壤抗蚀性与土壤有机质含量呈正相关关系，而与细根的根长和根量的相关性相对较弱。土壤表层的稳渗系数高于底土层，达到稳渗所需时间也短，并筛选出紫穗槐在内的一些抗蚀能力较强的树种。张金池等（2001）对江浙地区向海一面坡上林地土壤抗冲性的研究表明，土壤的抗冲性与植物根量，尤其是细根的根长、根径的关系密切，并指出表层有根系土壤的抗冲性高于底层土壤，各林分林木根系强化土壤抗冲性的机理在于根系通过不大于 1mm 庞大细根，直接串连土体和间接改善土壤结构，进而影响土壤抗冲性的强弱。土壤抗冲性强化值与土壤中不大于 1mm 径级的根量间服从 $y = a + bx$ 的线性回归关系。丁军等（2002）对南方红壤丘陵区进行研究表明，随着降雨强度的增大，林区根系对土壤抗冲性的增强效果越来越弱，超过一定降雨强度阈值，根系对土壤抗冲性无明显增强效果；随着土层深度增加，根系增强土壤抗冲性越来越弱，就土壤表层而言，林地和草地的土壤抗冲性大于农地；同一剖面，土壤抗冲性逐渐减弱，这与根系在土层中的垂直分布规律相一致。Gyssels（2006）研究发现，相对土壤剥蚀率（即含根系土壤的剥蚀率与不含根系土壤的剥蚀率比较）随着植物根系密度和根长密度的增加呈指数函数关系递减，且模型 RUSLE（修正通用土壤流失方程）能够较好地预测这一关系。可见，侵蚀区土壤抗冲性的研究一直是一个热点问题，尽管前人对土壤抗冲性的测试方法、评价指标、影响因素以及抗冲性的时空变化规律等做了较为系统的研究，也取得了较为丰硕的成果，然而由于降雨侵蚀过程，诸如雨滴溅蚀、细沟侵蚀过程本身的复杂性，又加之缺乏更为有效的测试土壤抗冲性手段，这给其研究增加了很大难度，使得对这些问题的研究大都处在宏观的分析和理论推测水平上，理论研究还远落后于水土保持工程应用。

1.2.3　植物根系与土壤抗侵蚀研究

植物根系既要从土壤中吸收水分、养分，又要参与土壤中的能量流动和物质循环，对改善土壤结构和提高土壤肥力及土壤生产力发挥着重要作用，在植被恢复、土地复垦和土壤资源利用中扮演着极为重要的角色。早在 20 世纪 60 年代，朱显谟就指出，在土壤侵蚀控制中，植被起着非常重要的作用，是水土保持中最有效和最根本的方法。朱显谟认为土壤抗冲性的增强，主要取决于根系与土体的缠绕、固结和串连作用，这种作用使土体具有较高的水稳性结构和抗冲强度，从而不易被径流带走。许多研究证实，植被发育良好的地区，侵蚀发生几率相对较低，植物根系在土壤侵蚀控制中的作用是无法替代的。我国较早开展植被根系对土壤侵蚀影响研究的学者李勇等认为根系的减沙效应可以用来表征植物根系对土壤抗冲性的强化效应，而根系减沙效应的强弱可用减沙效应系数表示，表达式如下：

$$\Phi = \frac{\text{含根土壤冲刷量（g）}}{\text{无根土壤冲刷量（g）}} \qquad (1-1)$$

式中：Φ 为根系减沙效应系数。

有研究进一步指出直径小于 1mm 的根系是增强土壤抗冲性的重要因子，二者呈正相关，同时，研究发现根系增强土壤抗冲性的作用（抗冲性强化值）随降雨强度和土层深度的增加而减弱。乔木、灌木、草本镶嵌组合不仅可以减少面蚀，而且对沟道侵蚀的减少也起着极为重要的作用。毛瑢等（2006）整理和分析历史文献发现植物根系对土壤侵蚀的影响主要在水文效应和机械效应两个方面，并且认为根系的机械强化效应在温带地区明显大于水文效应。植物根系通过增强土壤的抗冲性、渗透能力、抗剪强度以及根系网的固土功能提高土壤的抗侵蚀能力。Gutiérrez（2009）等研究了死根对土壤抗冲性的影响，认为死根对径流没有太大的影响，但可以提供有机质，显著增强土壤抗蚀性，减轻土壤侵蚀流失量。

退耕还林（草）是陕北黄土高原恢复生态系统的必然选择，也是实践所证明的行之有效的恢复措施。长期的植被恢复在减少径流土壤、改善土壤质量和提高生态系统的适宜性和稳定性方面作用显著。关于植被与土壤侵蚀关系方面的研究主要集中于地上植被覆盖对减少土壤侵蚀的影响，而地下根系在抵抗径流冲刷的研究相对较少。即便如此，根系对强化土壤抗冲性的较大贡献在国内外不同土壤上均得到证实。其中，由李勇主持的"植物根系提高土壤抗冲性机理及其有效性研究"抓住黄土高原"超渗径流冲刷为主和土壤缺乏根系缠绕固结、抗冲性能很差"这一独特的侵蚀环境，率先对黄土高原土壤抗冲性成因，不同植物根系提高土壤水分入渗和抵抗径流冲刷的有效性进行了系统研究，定量描述了黄土高原土壤抗冲性形成机理，提出了根系抗冲有效根密度的概念，建立了根系提高土壤渗透力和减少径流冲刷的有效性方程；阐明了根系提高土壤抗冲性的机制并建立了数学模型，从山坡和流域宏观尺度定量评价了植被的减沙效应。

植被根系控制土壤侵蚀主要是通过根系网络串连、根土黏结以及增加土壤有机质和水稳性团聚体提高土壤抗侵蚀能力实现的。随着国家退耕还林还草工程的实施，林草植被对坡面上方侵蚀土壤的拦蓄作用也应受到广泛关注，因为这直接影响林草植被在流域治理中的工程布局。李勇等（1998）对黄土高原丘陵沟坡上植物根系与土壤的抗冲性进行了较为系统的研究，认为土壤的抗冲强度取决于根系的分布、盘绕、固结作用。同时，该研究指出，植物根系改善土壤的水力学效应大于改善土壤物理性质的效应。然而，刘国彬（1998）研究认为，植物根系提高土壤抗冲性的机制主要是根系提高土壤抗冲力，增进土壤渗透性及建造抗冲性土体构型的物理性质，即根系提高土壤抗冲性的直接作用是增强土壤抗冲力，其间接作用是强化土壤渗透力，而根系创造抗冲性土体构型的物理性质是提高土壤抗冲性的物质基础，并提出了有效根密度大小决定植物根系提高土壤抗冲性能的大小。在大量野外调查基础上建立的根系提高土壤抗冲机制的数学模型显示，陕北黄土高原植物根系表面积83%以上都集中在深0～30cm的土壤剖面上，植物根系表面积密度（单位土体的根系表面积密度，RSAD）与土壤抗冲性密切相关，并构建了黄土高原地区土壤抗冲性强化值与典型植物RSAD的有效模型。这一结果一定程度上揭示了植物根系能促进土壤稳定性团聚体的形成，并能增加土壤有机质的含量，从而可以形成良好的土壤结构并增大土壤入渗速率，有利于减少坡面侵蚀径流并进一步减少坡面土壤侵蚀的发生。从植物根系生物化学作用研究角度出发，植物生长过程中根系分泌物在养分的有效性及其植物营养中的意义是目前农业化学和植物生理学研究的热点问题，而对这些具有生理活性的毛根目前仅注意到其机械固结作用，大量的根系分泌物质对于增加根土黏结力，提高土壤抗冲性的作用至今还没有被充分认识。例如，植物根系与土粒接触面上产生的胶结物质，通过土体中多价阳离子 Ca^{2+}、Fe^{2+}、Al^{3+} 形成阳离子桥，多糖—OH，H 键及范德华力等有机胶体、无机胶体作用，共同构成根系-土壤有机复合体系。李勇等（1998）研究发现直径 $D \leqslant 1mm$ 的须根能显著提高土壤抗冲性能，并认为单位土壤截面积上直径 $D \leqslant 1mm$ 的须根数量与土壤的抗冲性能关系密切。刘国彬（1998）认为 $1000cm^3$ 土壤中直径为 $0.1 \sim 0.4mm$ 的根的表面积能够很好地反映根系提高土壤抗冲性效能。周正朝等（2012）则建议用单位土体中整个根系的表面积来表征根系对土壤稳定性的增强效能。Bui et al.（1993）研究认为草本根系在沟间侵蚀中不存在固坡效应，强化抗冲作用微小，而 Ehsan et al.（1998）在伊朗北部对乔木根系护坡作用研究发现根系穿插、固结土壤的作用在滑坡、泥石流多发区具有极为重要的意义。Gyssels et al.（2007）对比利时的两种土壤进行研究，对植物根系抗侵蚀作用做了系统的总结，发现较沟间侵蚀来说，根系在抵抗沟道侵蚀的作用更为明显和重要。同时，通过加倍密植的方法，研究发现植物根系可以减少土壤流失量，最大可以减少 20%，加倍密植处理平均增加地上部分约为 13%，而地下根系密度增加达到 25%，且土壤流失随着根系密度的增加呈指数函数递减。周正朝等（2005）通过模拟降雨研究黑麦草秸秆和根系对土壤侵蚀的影响，发现根系对减少土壤流失的贡献较大，最大可以达到 96%，在增强土壤抗冲过程中起着主导作用。史东梅等（2008）对紫色丘陵区农林混作模式的土壤抗冲性影响因素研究发现土壤容重、细沙粒含量、小于 5mm 水稳性团聚体含量、稳渗率、大于 1mm 根系生物量可用于该地区土壤抗冲性的预测和评价。Marie et al.（2008）选择了不同时空尺度下的林地研究根系的强化作用，发现 9 年年龄树林的根系密度最大，从稳定坡面角度出发，9 年树林较 20 年或 30 年更为优越，究其原因，当树林年龄越大，其死根或腐根数量明显增加。Fan et al.（2010）从根系形态结构与土壤抗剪强度关系进行研究，认为在四种根系形态结构（H 型、VH 型、V 型和 R 型）中，R 型根系在增加土壤抗剪强度方面最佳，其次是 V 型根系。根系强化土壤抗冲性的作用与不大于 1mm 的须根密度有极显著的正相关关系，并将不大于 1mm 须根的密度定义为植物根系提高土壤抗冲性的有效根密度，其物理基础是土壤剖面中 100cm² 截面上直径不大于 1mm 须根的个数。部分研究发现不大于 2mm 须根的根量、根长与土壤抗冲指数存在直线回归关系。显然，根系尤其是毛根固结土壤的作用已被充分肯定。可见，现有的研究大多是对不同土壤类型、不同土地利用方式或不同植被类型下土壤抗冲性进行分析，这些结果从某种程度上来说仍处于定性加定量阶段，研究结果只说明某种土壤或某种植被下土壤抗冲性强，而另若干种弱。例如，研究通常认为根系提高土壤抗侵蚀效能主要是因为根系在土壤中穿插、缠绕、固结等作用，改变了土壤的理化性质，从而创造了较为稳定的土体构型。因此，如何定量测定根系分泌物在黏结土粒及土与根系的作用和强化土壤抗冲性中的作用应该是今后研究根系强化土壤抗冲性的重点。

关于植物根系的减沙效应与有效性模型方面也得到了较快发展。根系的减沙效应指含根系土壤相对于无根系土壤（无根系的黄土母质或农地黄绵土类）的冲刷量减小的百分数，并认为它是确定植物根系提高土壤抗冲性能有效性的最佳指标，同时给出根系提高土壤抗冲性的有效性模式：

$$y = \frac{KR_d^B}{A + R_d} \qquad (1-2)$$

式中：y 为根系的减沙效应，%；R_d 为有效根密度，个/100cm²；K 为根系减沙效应所能达到的最大值，%。

当 $R_d = 0$ 时，即土壤无根时，其根系的减沙效益为 0；当 $R_d \to \infty$ 时，$y = 1$，减沙效益达 100%，即极大值。作为纯粹考虑根系的作用，式（1-2）的计算方式是可行的。但以下三个方面可能不准确：

（1）减沙效应定义为含根系土壤相对于无根系土壤的冲刷量减小的百分数，但此处所谓"无根系土壤"指无植物根系的"黄土母质或农地黄绵土类"，这种含根的土壤和无根土壤就不仅仅是有无植物根系的差异，而有本质的差别。例如，植物根系活动的结果，首先，是对土壤缠绕固结，提高土壤抗冲性。其次，根系具有创造"抗冲性的土体构型"的作用，亦即"生物反馈"作用。这种作用通常能够增加土壤通透入渗性能，通过增加土壤有机胶结物质及团粒结构等来实现。在此情况下所有不同植被活动的样地（林地、灌丛、草地）与"无根系黄土母质或农地黄绵土类"相比的减沙效应，则理所当然地包括了根系的固结作用（根系数量的多少）和根系生物反馈作用。因此，如果定量评价根系数量与减沙效应的关系，应该与原来样地不含根的土壤相比，这样式（1-2）才能在当 $R_d = 0$ 时，使 $y = 0$ 公式成立。如与无根系黄土母质相比或与农地黄绵土相比，在式（1-2）中应加入另一参数，即反馈作用因子。当 $R_d = 0$ 时，$y = y_i$。y_i 为由于根系生物反馈作用改善土壤抗冲性能后与黄土母质相比的减沙效应。

（2）就根系固结土壤作用来说，研究表明毛根具有极其强大的抗拉能力和弹性。在坡面侵蚀时，被根系缠绕串连的土壤的流失，可能不是由于毛根的断裂，而是由根土分离造成的。被冲蚀的土粒或团块是没有根系的部分或根系数量小于"有效根密度"的部分。不大于1mm的毛根，尤其是其中小于0.5mm的毛根，多为具有生理活性的吸收性根，在这些毛根生长发育中，分泌大量的高分子黏胶物质及多糖类。这些黏胶物质在将土粒或团聚体缠绕串连的同时，可能存在巨大的黏结力，以保护土粒免于冲蚀，提高抗冲性。

（3）若根土黏结力证明存在且作用显著，则根系与抗冲性定量关系所用不大于1mm毛根个数从直径上需再细划分，在计算方法上需用根系表面积，而不是用条数来衡量。根系抗风蚀的研究相对其抗水蚀研究滞后，研究者更注重植物地上部分的风蚀防治作用。对根系，更关注风沙活跃环境中根系适应环境的生长策略。前人常选用根系构型和根面积指标采取拓扑结构描述根系分布，具体采用的指标主要包括各级根系的直径和根长、根系分布深度、距离植株基部不同距离圆周内的根系生物量、各级根系的数量及内外连接的数量等。WEPS在水文子模型（hydrology submodel）中简单考虑了根系分布对土壤水分循环的影响，在作物子模型（crop submodel）中考虑了作物生长过程中根系生物量及其占作物总生物量的比例变化，不同深度范围内的根系生物量分布及其比例，作物残余物降解子模型（residue decomposition submodel）中建立了根系在微生物作用下主要受温度和土壤水分影响发生的分解作用，考虑作物根系和残余物降解对土壤的影响最终使用侵蚀子模型（erosion submodel）估算土壤风蚀量。

1.2.4 土壤性质与土壤抗侵蚀研究

土壤是由固相、液相和气相组合的三相物质。陕北黄土区土壤类型以黄绵土为主。黄绵土是在干燥气候条件下形成的一种疏松多孔，具有柱状节理的黄色粉性土。母质为黄土性物质，矿物成分有碎屑矿物、黏土矿物和自生矿物3类，化学成分以 SiO_2

和 CaO 为主。土壤颗粒中细沙粒、粉粒含量可以达到 70% 左右，总孔隙度为 50% 及以上。蒋定生等（1997）根据黄土区大量的实验资料认为，土壤抗冲性的强弱主要取决于以下三个因素：

（1）土壤表面生物生长状况，诸如地衣、苔藓等低等生物在土壤表面的繁衍和贴敷，草被茎叶在地表的生长遮盖，枯枝落叶在地表的积累和分解等。

（2）根系在土体中的分布。

（3）土壤质地状况。

在土壤性质当中，土壤物理结构性质是影响土壤抗冲性的主要指标，例如土壤水稳性团聚体、土壤入渗速率、崩解速率等。上官周平等（2011）通过对内蒙古牧草地的研究发现，土壤抗冲性与土壤容重呈负相关，而与土壤水分、土壤团聚体含量及入渗速率存在正相关关系。De Baets et al.（2011）认为控制根系减少土壤侵蚀效应的因素包括根系结构、土壤性质（土壤质地、土壤水分）和水流剪切力。在粉壤、沙土中的容重分别大于 $1.65g/m^3$ 和 $1.80g/m^3$ 时根系生长将受到极大影响，植物根系的减沙效应在壤土中较沙土中优越，并认为植物根系与植株比例的数值主要取决于土壤性质、种植密度、大气温度和降雨条件。当土壤处于干燥状态时，土壤自身的黏结力及根系强化土壤黏结力的能力会得到明显下降。因此，一般认为根系强化土壤抗冲性的能力随着土壤水分的增加而增加，但其上限值的大小缺少报道。与此同时，有学者通过建立土壤剥蚀率和高（＞2.0L/s）、低（＜0.5L/s）强度水流剪切力的关系发现，幂函数曲线能够较好地反映低强度的水流剪切力，而在高强度的水流冲刷下，土壤流失呈线性关系增加（Wang et al.，2018a，2018b）。自然状态下，土壤抗冲性与土粒间、微结构间胶结力及结构体间抵抗离散的能力、地面覆被情况等有关。例如，Gyssels et al.（2006）研究发现土壤抗侵蚀能力随着初始土壤含水率的增加而增加，有机质可以为土壤水稳性团聚体的形成提供胶结剂。因此，土壤化学性质、生物学性质均不同程度上会影响土壤抗侵蚀性能。

综上所述，尽管先前的学者关于土壤性质和土壤抗侵蚀关系方面做了大量的工作，并取得了卓有成效的结论，但由于土壤抗侵蚀与土粒间、微结构间胶结力及结构体间抵抗离散的能力、地面覆被情况等有关，许多问题仍然有待解决，并且在某些问题上所得到的研究结果尚存在相互矛盾的地方，同样需要更深入的研究以揭示其本质。

第2章 水蚀区植物根系抗侵蚀机理

2.1 实验材料与研究方法

2.1.1 研究区概况

野外冲刷试验主要设在中国科学院水利部水土保持研究所安塞水土保持综合试验站（109°13′46″～109°16′03″E，36°46′42″～36°46′28″N，以下简称安塞水保试验站）。该区属典型的黄土丘陵沟壑区，年均降水量 500mm 左右，蒸发量 1000mm，年均气温 8.9℃，日照时数 2352～2573h，属暖温带半干旱气候区，地带植被属于暖温带落叶阔叶林向干草原过渡的森林草原区。地带性土壤为黑垆土（干润均腐土），由于严重的水土流失，原有的黑垆土损失殆尽，土壤以黄土母质上发育来的黄绵土（钙质干润雏形土）为主，黄绵土质地疏松，通透性好，无侵蚀状态下为良好的农业土壤，是黄土高原分布最广的主要耕种土壤，分布面积占该地区土地总面积的 70%～80%。该地区生态环境脆弱，加上长期自然资源的不合理利用，使原有的天然植被已破坏殆尽，植被恢复以前，土壤耕层有机质含量为 0.53%～0.77%，土壤氮、磷俱缺，土壤瘠薄。目前现存植被主要是退耕和封禁等生态恢复措施下形成的次生演替植被和人工植被。常见的植被类型是以刺槐（*Robinia pseudoacacia*）和侧柏（*Platycladus orientalis*）等为主的人工林；灌丛主要有柠条（*Caragana korshinskii*）和沙棘（*Hippophae rhamnoides*）等人工林灌丛以及封禁后形成的杠柳（*Periploca sepium*）、丁香（*Syringa oblata*）、虎榛子

（*Ostryopsis davidiana*）、狼牙刺（*Sophora viciifolia*）、互叶醉鱼草（*Buddleja alternifolia*）等天然灌丛；草本主要为铁杆蒿（*Artemisia sacrorum*）、茭蒿（*Artemisia giraldii*）、长芒草（*Stipa bungeana*）、白羊草（*Bothriochloa ischaemum*）、狗尾草（*Setaria viridis*）、披针苔草（*Carex lanceolata Boott*）等形成的天然草地。

2.1.2 研究方法

2.1.2.1 人工模拟冲刷试验

为了区分植物根系物理串连作用、根土黏结作用和生物化学作用强化土壤抗冲性的贡献及在沙黄土和黄绵土上的差异，本研究参考刘国彬模拟根系冲刷实验思路，通过含根土壤、无根土壤及模拟根系冲刷试验，定量分析了根系网络串连作用、根土黏结作用和生物化学作用对于土壤抗冲性的相对重要性，揭示根系强化土壤抗冲性本质，深化根系内在固土机理（刘国彬等，1998）。黄绵土和沙黄土分别来自安塞水保实验站和神木县六道沟小流域，表层土壤基本性质见表 2-1。土壤样品采自距地表以下 3m处的黄土母质和农地表层 0～25cm 土壤，分别作为本研究的对照 1 和对照 2。本研究认为距地表以下 3m 的土壤是没有人为扰动和植物根系活动的土层，即该层土壤没有任何根系生物化学作用（如根系分泌物）的影响，可作为无根土壤的对照（黄土母质）。野外含根土壤被带回人工降雨大厅，经挑根、过 5mm 筛、分层按设定容重（1.30g/cm³）装槽，分层装土，每层厚度为 5cm，并且边装边压实，每次在填装下一土层之前将表土打毛，以消除两层之间的垂直层理。土槽是规格为 2m×0.28m×0.3m（长×宽×高）的铁质长方体。其中，4 个土槽自装槽后保持裸地状态，认为该土壤有根系生物化学作用，但没有根系物理穿插作用（对照 2）。土槽填土结束后，将表土整平使之与槽底平行，以保证实验条件的一致性。为了渗透均匀，土槽底部铺设一层 5cm 细沙，并在细沙以上平铺一层细纱布。待装土全部结束后，在每一个土槽表面铺一层细纱布，充分洒水后静置，待土壤潮湿而不黏结时按实验设计播种草籽。

表 2-1 表层土壤基本性质

土壤类型	指 标				
	容重 /(g/cm³)	有机质 /(g/kg)	沙粒 /%	粉粒 /%	黏粒 /%
黄绵土	1.24	3.73	31.5	57.7	10.8
沙黄土	1.30	2.08	36.8	51.2	12.0

为了便于模拟并获得不同根系密度的含根土样，选取直根系的紫花苜蓿，设置 5 个根系密度水平（CK=0，D1=50 株/槽，D2=100 株/槽，D3=150 株/槽，D4=200 株/槽），CK 为对照，各处理均为 4 次重复，处理数计 20 个，表层土壤对照和下层土壤对照各 4 个，计 8 个，试验土槽数量共计 48 个。设置不同水平处理的标准是确保最大密度下每株植物根系相互间生长不受限制。对照土槽在生长期内及时清除休闲杂草。种植时间为 2013 年 4 月 5 日，将草籽称重等分，每份草籽与等量干土混合，按行距 10cm，沟深 0.8cm 撒播覆土种植。为了有利于草种发芽，土壤表面覆盖草席并定期洒水确保表层潮湿。紫花苜蓿高约 5cm 后减少浇灌频率，根据实际情况能够自然生长即可。后期根据设计密度进行分次间苗。在生长过程中对自然降雨和人工浇水的水量进行详细记录。

在采集冲刷样品时，采用特制取样器，规格为 20cm×10cm×10cm（长×宽×高）。为了减少采样过程对土壤的扰动，在取样器上方垫以结实木块，用皮锤将取样器顺坡垂直砸下。然后，铲掉取样器周边土壤，将取样器完整取出，用剖面刀沿取样器底部将土样削平后垫上带小孔铝制底片，再用保鲜膜密封，尽量避免土样流失。除此，在搬运取样器过程中，将带有铝制底片的一端朝下，保持取样器内土样完整。将带回的取样器连同铝制底片置于水盘中，水面高度为 5cm，水从铝制底片小孔自下而上浸润土壤 12h 直至达到饱和。然后，将饱和的原状土轻轻置于铁架台上

8h 去除土壤重力水后进行抗冲试验，试验冲刷槽尺寸为 2m×0.1m（长×宽，冲刷装置见图 2-1，本图由周正朝提供），坡度为 15°，用当地标准径流小区（20m×5m）产生的最大径流量来计算单位流量为冲刷流量，即 4.0L/min，经校正后冲刷流量为 4.03L/min，校正流速为 0.97m/s。冲刷时间为 15min，即采用当地暴雨平均持续时间。自产流后的前 3min 用径流桶每 1min 收集 1 次水流土壤样，随后每 2min 收集 1 次径流，共取 9 次样。

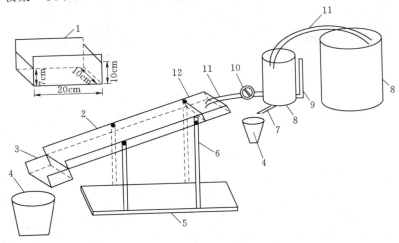

图 2-1　土壤抗冲试验装置图

1—取样器；2—冲刷槽；3—土样室；4—径流桶；5—支撑板；6—可调支架；
7—溢水口；8—储水桶；9—玻璃管；10—阀门；11—供水管；12—缓冲水槽

冲刷结束后称量各个桶内的径流土壤量，然后将塑料桶静置澄清，泥沙沉淀完全后倒掉上层清液，剩余泥水样转移至铁盒内，置于烘箱中 105℃烘干并测定土壤质量。在本试验过程中部分取样器的土壤样品因水流冲刷作用发生垂直穿透现象，则认为本次冲刷试验失败，当土壤被穿透后立即停止冲刷。土壤冲刷装置及其过程如图 2-2 所示。

2.1.2.2　根系模拟试验

植物生长后期（9 月下旬），进行人工根系模拟试验。就同

（b）模拟根系

（a）试验处理　　　　　　　　　　（c）冲刷过程

图 2-2　土壤冲刷装置及其过程

一种土壤类型，模拟根系试验在对照 1 土槽内用特制取样器采集不含根系的土壤样品 30 个（5 个根系密度水平×6 个重复）。选择与根系质地相近的棉线（4 股，直径 0.4mm）作为模拟根系，用特制的不锈钢针将棉线以与取样器水平面 10°左右夹角轻轻穿入土中。穿线时，为防止土块碎裂，在表面（自然含水量 10%左右）洒少许水。在水中浸泡一昼夜，使其充分饱和，然后按常规冲刷法做冲刷测定。浸泡前穿入棉线还可以利用黄土吸水膨胀性能，减少穿孔与线的间隙。这种模拟根系在土壤中具有网络串连作用，没有根土黏结和生物化学作用。假设棉线的质地与根系相近，在土块体积不太大的情况下，其分布方式与根系相似。在土壤条件相同时，它与根系的主要差别在于没有任何分泌物，亦即与土壤颗粒间没有黏结力。因此它表现出的固结土壤的减沙效益及在不同密度下的差异，可以认为是没有"根"土黏结力情况下的一种网络串连作用。

　　植物根系强化土壤抗冲性的总效应可分为物理固结效应和生物化学效应（图 2-3），其中，物理固结效应包括根系对土壤颗粒及团聚体的网络串连作用、根系通过分泌物对土粒的黏结作用以及根系生物化学效应，而根系生物化学效应是指通过根系的活动改善土壤入渗性能，增加团粒数量及水稳性、土壤腐殖质物质以及生物黏化作用等一系列根系的生物化学效应，亦即"生物反馈"作用。例如，根系可分泌数量可观的高分子黏胶物质、多糖类。这些多糖以及大分子物质是除了有机质外另一种重要的凝结剂。但目前对于这些物质的研究仅限于在盆栽条件下通过土壤溶液的定性定量分析。土壤与植物营养学家感兴趣的是这些物质对于根系代谢活动及根区微环境养分及其有效性的影响。很少有学者将根系分泌物与土壤抗冲性、根系固土作用联系起来，更无法直接测定其固土效应。因此，本章通过含根土壤、无根土壤及专门设计的模拟根系冲刷试验，定量分析根系网络串连作用、根土黏结作用和生物化学作用对土壤抗冲性的相对重要性，揭示根系强化土壤抗冲性本质，深化根系内在固土机理。

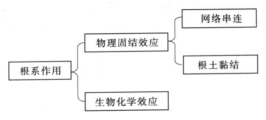

图 2-3　根系固结土壤抗冲性的作用方式分类

植物根系强化土壤抗冲性的总效应 RTE（root total effect，%）可分为物理固结效应 RPE（root physical effect，%）和生物化学效应 RBE（root biochemistry effect，%），其中，物理固结效应包括网络串连作用 NF（net function，%）和根土黏结作用 BF（bond function，%）。

（1）根系总效应（RTE），即含根土层相对于不含根黄土母质的土壤流失量，表达式为

$$\text{RTE} = \frac{y_{CK1} - y_i}{y_{CK1}} \times 100\% \qquad (2-1)$$

式中：y_{CK1} 为黄土母质流失量；y_i 为不同根密度下土壤流失量（$i=1$，2，3，4）。

（2）物理固结效应（RPE），即含根土样相对于同一土层中无根土样的土壤流失量的比例，表达式为

$$RPE = \frac{y_{CK2} - y_i}{y_{CK2}} \times 100\% \qquad (2-2)$$

式中：y_{CK2} 为含根土层的土壤流失量。

（3）网络串连效应（NF），即含线土壤样品与不含线黄土母质的土壤流失量的比例，表达式为

$$NF = \frac{y_{CK1} - y_i'}{y_{CK1}} \times 100\% \qquad (2-3)$$

式中：y_i' 为不同模拟根系密度下土壤流失量。

由式（2-1）～式（2-3）可以看出，在减沙效应计算中，为了实现数据的可比性，以根系的总效应值为基数，对上述数据进行归一化处理，即假定根系总效应为 100%，其他效应值的计算采用已有数据除以总效应值，进而获得根土黏结效应和根系生物化学效应。

（4）根土黏结效应（BF），即物理固结效应中除去根系网络串连效应部分，表达式为

$$BF = RPE - NF \qquad (2-4)$$

（5）根系生物化学效应（RBE），即根系总效应中除去物理固结效应的部分，表达式为

$$RBE = RTE - RPE \qquad (2-5)$$

2.1.3　指标选取及测定

2.1.3.1　植物根系

将土壤样品中根系全部捡出，将部分清洗好的根系利用拉力计（XH-8450，中国杭州）进行植物根系单向拉断试验。然后，按比例筛选部分根系平铺于透明胶片上用扫描仪扫描得到根系图像，将所获得的根系图像在图像处理系统 CLAS（version 2.0，CID Company，USA）软件上分析根平均直径、根长密度、根表面积密度等根系特征参数。扫描仪分辨率设置为 300dpi，图片格式设置为灰度，图片保存格式为 bmp 格式。最后，将扫描后

的根系置于烘箱 85℃，24h 烘干称重，计算根系生物量。

2.1.3.2 土壤样品

土壤容重采用环刀法测定。土壤水稳性团聚体采用沙维诺夫湿筛法测定。团聚体平均质量直径（Mean Weight Diameter，MWD）计算采用式（2-6）：

$$MWD = \frac{\sum_{i=1}^{n}(\overline{R}_i W_i)}{\sum_{i=1}^{n} W_i} \qquad (2-6)$$

式中：$\overline{R}_i$ 为某级别团聚体的平均直径；W_i 为该级别团聚体占土壤样品总量的质量百分含量。

土壤有机质采用重铬酸钾容量法-外加热法测定；土壤全氮采用半微量开氏法测定；土壤速效磷采用 0.5mol/L 碳酸氢钠（$NaHCO_3$）浸提-钼锑抗比色法测定；土壤蔗糖酶采用 3,5-二硝基水杨酸比色法测定，蔗糖酶活性以 24h 后 1g 土壤中含有的葡萄糖毫克数表示；脲酶采用靛酚比色法测定，脲酶活性以 24h 后 1g 土壤中 NH_3-N 的毫克数表示；磷酸酶采用磷酸苯二钠比色法测定，磷酸酶活性以 1g 土壤中 24h 后苯酚的毫克数表示；过氧化氢酶采用滴定法（0.1N 的标准 $KMnO_4$ 液滴定）测定，酶的活性以 1g 土壤 20min 后消耗 0.1 N $KMnO_4$ 的毫升数表示；抗冲系数计算为每冲刷掉 1g 的烘干土所需水量，用 AS（Anti-scouribility）表示，单位是 L/g，AS 愈大，土壤的抗冲性愈强，计算公式为

$$AS = \frac{ft}{W} \qquad (2-7)$$

式中：f 为冲刷流量，L/min；t 为冲刷时间，min；W 为烘干土壤质量，g。

植物根系生物量的获取是将做完抗冲试验的土体在筛网上反复冲洗，将土壤中所有的根系洗出，置入 80 ℃烘箱中，烘干至恒定质量，再分别称其质量并记录。根系密度，用 RD（root density）表示，计算公式为

$$RD = \frac{M_D}{V} \qquad (2-8)$$

式中：M_D 为根系烘干质量，kg；V 为采样器体积，m^3。

土壤剪切力采用南京土壤仪器厂有限公司制造的 ZJ‑1 型大型直接剪切仪测定。直剪试验的剪切速率为 0.8mm/min，分别施加 100kPa、200kPa、300kPa 和 400kPa 垂直压力，量力环率定系数分别为 1.784、1.703、1.799 和 1.793。土壤黏聚力和内摩擦角的计算采用库仑定律。土壤崩解速率计算采用蒋定生等设计的浮筒法原理。试验观测时间为 30min，其计算采用式（2‑9）：

$$v = a\frac{l_0 - l_t}{t} \qquad (2-9)$$

式中：v 为单位时间内所崩解的试样体积，cm^3/min；l_0 为试样浸入水中时浮筒的起始读数；l_t 为试样完全崩解时或第 30min 时的浮筒读数；t 为试样完全崩解时的时间或者是土样未崩解完的第 30min 时间；a 为体积换算系数，本测试装置取 $a=1.276$。

2.1.4 数据分析

数据分析采用 SPSS13.0 统计软件，方差分析运用单因素分析法（One‑way ANOVA），相关性分析采用 Pearson 相关系数法，差异显著性检验运用最小显著差数法（least significant difference），即 LSD 法（$P<0.05$，双尾）。在本研究中，用变异系数来描述数据的离散程度，计算公式为

$$C_v = \frac{SD}{\overline{X}} \qquad (2-10)$$

式中：C_v 为变异系数；SD 为标准差；$\overline{X}$ 为样本平均值。

根据变异程度分级：$C_v \leqslant 10\%$ 表示弱变异性，$10\% < C_v \leqslant 100\%$ 表示中等变异性，$C_v > 100\%$ 表示强变异性。

2.2 结果与分析

2.2.1 植物根系及其密度对土壤性质的影响

土壤环境变化能够影响土壤性质。植物根系通过物理串连、

根土黏结和生物化学作用提高土壤结构稳定性是含根土壤具有抗侵蚀性强的重要理论依据。其中，生物化学作用主要是根系分泌物，而植物根系分泌物是通过两种途径产生的，即代谢和非代谢途径。根系分泌物是根际微生物营养物质的主要来源，外界环境的改变导致根系分泌物组分的变化最终影响根际微生物类群的结构和根际土壤生物学性质。表2-2描述了黄绵土（A）和沙黄土（S）中不同根系密度处理下土壤的物理、化学和生物学性质。由表2-2可以看出，不同处理之间土壤性质差异较大。与对照〔自然状态农地表层（0～20cm）土壤，且未种植，即CK1〕相比，含根处理土壤容重明显减小，最大减小幅度为6.9%；与此相比，随着根系密度增加，处理土壤团聚体含量均有不同程度的增加，增幅倍数介于1.9～2.7。在土壤化学指标中，与对照相比，土壤有机质、土壤全氮和土壤速效磷均有不同程度的增加，这一结果说明植物根系能够通过活化土壤，提高土壤养分含量及其有效性；在生物学指标中，土壤脲酶、磷酸酶、蔗糖酶和过氧化氢酶是表征土壤熟化程度的重要因子，能够较为灵敏地反映外界环境对土壤的干扰和影响作用。由表2-2可以看出，与对照相比，土壤脲酶、磷酸酶、蔗糖酶和过氧化氢酶均呈不同程度的增加，且随着根系密度的增加，土壤脲酶、磷酸酶、蔗糖酶和过氧化氢酶的含量均呈增加趋势，平均增幅分别可以达到16.8%、382.7%、288.0%和14.3%。就不同植物根系密度处理来讲（密度水平1至水平4），随着根系密度的增加，土壤结构、土壤养分含量及土壤酶活性等性质均得到不同程度的增加和改善，这一结果与根系在土壤中的网络串连、根土黏结和根系生物化学作用有关。在不同土壤类型之间，植物根系改善土壤性质程度也有差异。与沙黄土相比，植物根系在黄绵土中改善土壤性质作用更加明显，如土壤容重变小，土壤团聚体含量增加，土壤通水、透气能力增强；在土壤化学指标中，有机质平均增加了71.8%，土壤全氮增加了105.7%，土壤速效磷平均增加了138.8%，分别比根在沙黄土中高出38.8%、16.3%和

表2-2　不同处理下的土壤性质

处理	物理指标		化学指标			生物指标			
	容重 /(g/cm³)	团聚体 /(g/kg)	有机质 /(g/kg)	全氮 /(g/kg)	速效磷 /(mg/kg)	脲酶 /(NH₃-N mg/g)	磷酸酶 /(mg phenol g/h)	蔗糖酶 /(mg glucose g/h)	过氧化氢酶 /(mL 0.1N KMnO₄/g)
S-CK1	1.30 ± 0.02	58.8 ± 2.02	2.24 ± 0.12	0.09 ± 0.00	2.21 ± 0.03	0.41 ± 0.03	3.16 ± 0.06	0.48 ± 0.02	3.31 ± 0.13
S-CK2	1.30 ± 0.01	41.4 ± 2.13	2.03 ± 0.10	0.10 ± 0.01	1.72 ± 0.02	0.32 ± 0.01	2.55 ± 0.04	0.26 ± 0.01	2.50 ± 0.12
S1	1.35 ± 0.01	114.9 ± 4.11	2.08 ± 0.09	0.13 ± 0.01	2.92 ± 0.04	0.50 ± 0.02	4.20 ± 0.06	0.80 ± 0.01	3.58 ± 0.20
S2	1.31 ± 0.00	141.0 ± 2.09	2.84 ± 0.11	0.12 ± 0.01	3.85 ± 0.03	0.46 ± 0.02	9.52 ± 0.15	1.10 ± 0.02	4.30 ± 0.16
S3	1.30 ± 0.01	140.4 ± 3.21	2.71 ± 0.07	0.15 ± 0.00	3.99 ± 0.05	0.47 ± 0.01	25.4 ± 1.17	2.42 ± 0.04	3.76 ± 0.18
S4	1.28 ± 0.02	158.1 ± 4.43	4.28 ± 0.12	0.28 ± 0.00	4.5 ± 0.04	0.50 ± 0.02	21.85 ± 1.05	3.13 ± 0.02	3.49 ± 0.07
A-CK1	1.28 ± 0.01	65.5 ± 1.06	2.32 ± 0.13	0.13 ± 0.01	2.36 ± 0.02	0.49 ± 0.01	5.06 ± 0.18	1.53 ± 0.02	3.58 ± 0.05
A-CK2	1.28 ± 0.02	42.8 ± 0.82	3.01 ± 0.08	0.23 ± 0.01	1.63 ± 0.02	0.49 ± 0.01	4.58 ± 0.17	1.02 ± 0.01	2.96 ± 0.06
A1	1.21 ± 0.02	133.9 ± 1.04	3.73 ± 0.11	0.24 ± 0.01	3.99 ± 0.08	0.48 ± 0.01	24.37 ± 1.72	1.05 ± 0.01	3.23 ± 0.04
A2	1.26 ± 0.02	148.5 ± 3.07	4.04 ± 0.14	0.28 ± 0.01	5.08 ± 0.06	0.47 ± 0.02	30.42 ± 1.99	6.27 ± 0.32	4.03 ± 0.10
A3	1.25 ± 0.01	140.3 ± 3.52	3.81 ± 0.09	0.26 ± 0.00	5.27 ± 0.05	0.57 ± 0.03	24.29 ± 1.42	3.87 ± 0.02	3.76 ± 0.14
A4	1.20 ± 0.00	148.8 ± 4.11	4.37 ± 0.22	0.29 ± 0.04	8.21 ± 0.12	0.63 ± 0.04	27.04 ± 1.87	4.10 ± 0.14	3.88 ± 0.09

注：S-CK1、S-CK2 和 S1~S4 分别代表表层土壤处理、深层土壤处理和根系密度水平 1 至根系密度水平 4 处理，下同。

66.2%；在土壤生物指标中，土壤脲酶、磷酸酶、蔗糖酶和过氧化氢酶均呈不同程度的增加，其中，表现最为突出的是土壤磷酸酶，较根系在沙黄土中的增幅平均高出41.6%。这一结果可能与苜蓿固氮作用有关，这种作用同时能够激发土壤中磷素有效性，进一步活化土壤酶活性，提高土壤胶结能力及抗冲能力。可见，植物根系能够通过物理固结作用和生物化学作用来活化土壤环境，改善土壤物理结构性质，提高土壤养分含量及其有效性、促进土壤微生物种群和活性，提高土壤胶结能力及抗冲能力。

2.2.2 根系生物力学特征与土壤抗冲性的关系

生物力学作为力学研究的分支学科，探索与生理学和医学有关的动物器管、组织的力学问题较系统深入，但对于植物材料，尤其是植物根系的力学特性，以往研究多从植物根系固土护坡作用出发，研究乔木、灌木及少数草本根系抗拉力及其对土壤抗剪切力的强化作用，所测植物根系多为直径大于1mm的植物输导性根。近年的研究证实，直径不大于1mm的植物毛根属于具有生命活力的吸收性根，对缠绕固结土壤、强化土壤抗冲性有巨大作用。但对于植物毛根的固结土壤方式、固结土壤本质仍缺乏了解。无论是固坡还是强化土壤抗侵蚀角度，对于植物根系的生物力学特性如抗拉力、弹性、应力-应变特征及不同植物种间差异进行分析是十分必要的。除此之外，在野外坡面上，当细沟或浅沟侵蚀发生时，水平根系在水流冲击下是会发生断根现象还是会发生水土分离，这些科学问题的回答对于进一步揭示植物根系提高土壤抗侵蚀机理及水土保持乔、灌、草种合理选择和配置都具有重要的现实意义。

2.2.3 根系极限应变与直径关系

极限应变是指植物根系在单向拉伸下断裂前所达到的最大延伸率。本章着眼于对固结土壤起重要作用的直径为0.1~3.0mm的苜蓿毛细根进行单向抗拉试验。图2-4显示了拉拔试验中植物根系直径与拉力之间的关系。由图2-4可以看出，在拉拔试验中，植物根系直径与该根系被拉断所需要的拉力呈极显著的正比例关系。表 2-3 显示了样本根系被拉断时的延伸率。由表 2-3 可以看出，被冲刷根系的最大延伸率为 10.2%～20.2%，平均为 15.2%。这一结果说明紫花苜蓿根系从材料力学角度应属于一种弹塑性材料，这种生物质材料更有利于抵抗外界作用力，例如土壤侵蚀。这可能就是紫花苜蓿被积极引进，并成为研究区水土保持主要草本类型之一的原因。这一结果同时说明了在抗侵蚀植被选取过程中宜考虑所选植物根系的生物力学特征。

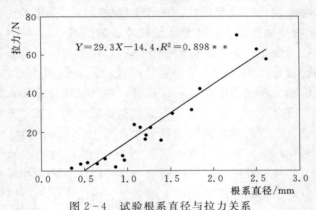

图 2-4　试验根系直径与拉力关系

表 2-3   样本根系拉断试验

编号	1	2	3	4	5	6	7	8	9	10
根系直径/mm	0.17	0.35	0.46	0.54	0.65	0.74	0.86	0.94	0.96	1.08
样本长度/mm	50	50	50	50	50	50	50	50	50	50
延伸长度/mm	5.1	6.8	6.9	7.1	8.7	8.6	8.5	9.0	10.1	5.1
延伸率/%	10.2	13.6	13.8	14.2	17.4	17.2	17.0	18.0	20.2	10.2

2.2.4　根系抗拉力与根土分离

为了回答黄土区坡面细沟侵蚀过程中根系是发生根土分离还是被拉断，本章利用特制取样器垂直于苜蓿土槽中的土壤剖面进行原状土壤样品采集，这种采样方式能够实现在冲刷过程中取样器中根系呈现水平状态。然后，按照常规进行冲刷试验。图 2-5 和图 2-6 是冲刷后苜蓿根系沿着水平向下倾斜 15°将根系从土壤中拉出试验和所测根系进行单向垂直拉断的试验结果。从研究结果可以看出，植物的根系直径与该根系水平方向的拉力之间关系较弱（$R^2=0.396$），而与该根系单向垂直拉断时所需要的拉力呈显著相关（$R^2=0.858$）。这一结果表明苜蓿根系缠绕、网络串连土体所表现出的巨大抗拉能力，足以抵抗径流的冲刷力。同时，与从土壤中水平拉拔所需要的拉力相比，单向垂直根系拉断需要的拉力约为水平拉力的 12 倍（图 2-7）。因此，在黄土丘陵区坡面土壤的细沟冲刷流失过程中，不是根系断裂，而是根土分离或未被土壤固结而造成。

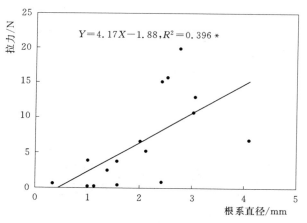

图 2-5　水平拔拉时根系直径与拉力关系

当然，这种研究方法在某种程度上有其自身的局限性，例如，取样器面积过小，尤其是取样器宽度仅为 10cm，不足以客观反映野外实际细沟两侧土壤对植物根系的固结作用，即这种研究方法可能会低估细沟中土壤对根系的固结作用。换言之，这种研究方法可能会低估根系从土壤介质中水平拉拔所需要的拉力。然而，刘国彬等分析了细沟侵蚀冲刷过程中水流剪切力与根土固结能力，发现 0.1mm 以上的毛根缠绕、网络土体所表现出的巨大抗拉能力，足以抵抗径流的冲刷力。除此，在野外调研中发

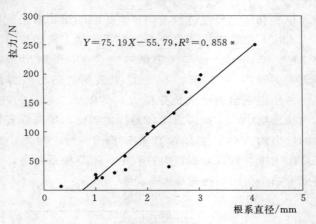

图 2 - 6　单向垂直拉断时根系直径与拉力关系

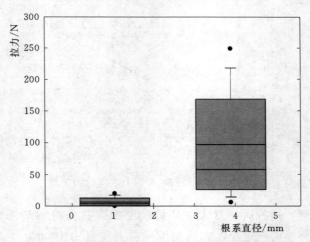

图 2 - 7　根系水平拉拔（左）和垂直拉断（右）拉力比较

现，暴雨形成的细沟中，存留的细根仍呈网状分布，而土粒已全部流失。在有的沟壁中，发现土壤颗粒和细小土壤团聚体被植物根系串连，呈念珠状悬于沟沿。作者在野外调查和原状土冲刷槽（模拟 2mm/min 雨强，15°坡度冲刷）试验中都证实了这一点。因此，本研究在一定程度上可以证实，黄土丘陵区坡面土壤的细沟冲刷流失，不是根系断裂，而是根土分离或未被土壤固结而造成。

2.2.5 根系网络串连、根土黏结与根系生物化学作用对土壤抗冲性的贡献

植物根系提高土壤抗侵蚀性能的主要原因是根系在土壤中物理穿插、缠绕、固结以及植物根系通过分泌物、多糖等大分子胶结物质产生的根土黏结及生物化学作用，改变了土壤的理化性质，从而创造了较为稳定的土体构型。刘国彬（1998）将根系的这些作用概括为根系物理固结效应和生物化学效应两种，其中，根系物理固结效应又包括根系网络串连和根土黏结作用。

表 2-4   根系强化土壤抗冲性土体构型的相对重要性   %

沙黄土	S1	S2	S3	S4	均值
根系总效应	100.00	100.00	100.00	100.00	100.00
物理固结效应	66.91	69.95	73.05	73.67	70.90
网络串连作用	51.01	49.48	53.41	67.88	55.45
根土黏结作用	15.90	20.47	19.64	5.79	15.45
生物化学效应	33.09	30.05	26.95	26.33	29.10
黄绵土	A1	A2	A3	A4	均值
根系总效应	100.00	100.00	100.00	100.00	100.00
物理固结效应	77.74	79.71	80.66	81.95	80.02
网络串连作用	54.94	63.86	55.80	53.24	56.96
根土黏结作用	32.80	25.85	34.86	38.71	33.06
生物化学效应	22.26	20.29	19.34	18.05	19.98

表 2-4 描述了紫花苜蓿根系强化土壤抗冲性土体构型的相对重要性。由表 2-4 可以看出，根系强化土壤抗冲性土体构型主要依靠土壤的物理固结效应，即根系网络串连和根土黏结作用，但这种作用程度在不同土壤类型上表现有所差异。根系在黄绵土中强化土壤抗冲性的物理固结效应贡献值为 80.02%，比沙

黄土中根系物理固结效应平均高出 9.12%。随着植物根系密度的增加（密度水平 1 至密度水平 4），根系物理固结效应在根系总效应中的贡献有所增加，但增加幅度较小，黄绵土和沙黄土中分别增加了约 6.4% 和 4.2%，而生物化学作用略有减少。随着根系密度的增加（密度水平 1 至密度水平 4），沙黄土中根系网络串连作用在根系物理固结效应中的比重由 76.3% 增加到 92.1%，而黄绵土中根系通过网络串连作用强化土壤抗冲性能略有下降，约下降了 5.7%，但根土黏结作用的相对重要性增加。这一结果说明植物根系减沙效应在壤土中较沙土中优越，沙土中随着植物根系密度增加，网络串连作用越来越重要，而壤土中根土黏结作用的重要性有所增加。产生这一结果的原因可能与黄绵土土壤黏粒含量较大、保水性强、黏着力好、根土黏结作用较强有关。可见，植物根系强化土壤抗冲性土体构型主要依靠根系的物理固结效应，但这种效应在不同土壤类型上存在差异，根系在黄绵土中强化土壤抗冲性的物理固结效应贡献值比沙黄土中平均高出 9.12%。在根系物理固结效应中，网络串连作用随着根系密度的增加在沙黄土中呈增加趋势，而根土黏结作用在黄绵土中表现的越来越重要。

可见，在黄绵土中，根系物理固结效应强化土壤抗冲性的贡献值为 77.7%～82.0%，根系生物化学作用强化土壤抗冲性的贡献值为 18.1%～22.3%；在沙黄土中，根系物理固结效应强化土壤抗冲性的贡献值为 66.9%～73.7%，生物化学作用强化土壤抗冲性的贡献值介于 26.3%～33.1%。随着根系密度的增加，根系物理固结效应呈不同程度的增加趋势。在根系物理固结效应中，起关键作用的是根系的网络串连作用。然而，随着根系密度的增加，根系网络串连作用在沙黄土中表现越来越显著，而根土黏结作用在黄绵土中表现越来越重要。

2.2.6　土壤不同含根方式与土壤流失特征

黄土高原侵蚀性降水较为集中、坡地容易跑水跑土以及土壤本身抗侵蚀性较低等因素的影响促使该区细沟、浅沟侵蚀普遍发育。研究区暴雨形成的细沟中，通常可以发现存留的根系仍呈网状横向分布而土粒已全部流失（图2-8）。

（a）李强拍摄　　　　　　　　（b）GmbH拍摄

图2-8　冲刷后根系横根出露

表2-5　　　　黄绵土不同根系分布方式土壤流失特征

处理	根系分布	拟合方程	拟合系数 R^2	显著性检验 P
CK1	—	$Y=143.08e^{-0.55x}$	0.987	0.001
A1	竖向	$Y=93.78e^{-0.38x}$	0.534	0.02
	横向	$Y=136.44e^{-0.49x}$	0.919	0.006
A2	竖向	$Y=17.88e^{-0.15x}$	0.744	0.01
	横向	$Y=25.18e^{-0.24x}$	0.930	0.004
A3	竖向	$Y=14.11e^{-0.15x}$	0.805	0.03
	横向	$Y=23.04e^{-0.24x}$	0.866	0.007
A4	竖向	$Y=8.81e^{-0.21x}$	0.732	0.01
	横向	$Y=22.79e^{-0.23x}$	0.864	0.003

　　表2-5和图2-9反映了黄绵土和沙黄土不同根系分布方式下冲刷土壤流失特征。可以看出，指数递减函数可以较好地拟合两种土壤竖向分布方式处理根系和横向分布方式处理根系的土壤流失特征。与对照农地相比，含根土壤流失量显著减小。在同一根系密度水平下，与竖向根系相比，根系横向分布方式处理的拟合方程指数系数的绝对值较大，说明根系横向分布方式更容易抵抗冲刷，产生

的土壤流失量较小。不同根系密度水平之间，随着根系密度的增加，拟合方程的指数系数的绝对值变小，说明土壤流失速率减小幅度较大。这一结果也证实了植被恢复过程中须根系的重要性。沙黄土不同处理冲刷过程土壤流失速率如图 2-9 所示。

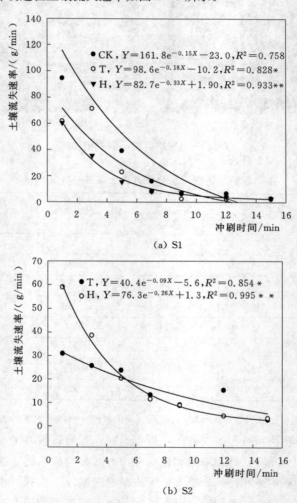

（a）S1

（b）S2

图 2-9（一）　沙黄土不同处理冲刷过程土壤流失速率

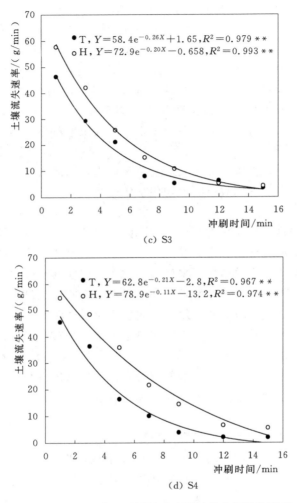

(c) S3

(d) S4

图 2-9（二） 沙黄土不同处理冲刷过程土壤流失速率

注：T 和 H 分别代表竖向和横向含根方式。

2.2.7 植物根系强化土壤抗冲性模拟方程

植物根系与土壤抗侵蚀性能关系密切，定量描述植物根系强化土壤抗冲性的有效性具有重要的理论意义和应用价值。李勇等

（1991）拟合了根系提高土壤抗冲性有效性方程：

$$y = \frac{KR_d^B}{A + R_d} \qquad (2-11)$$

式中：y 为根系减沙效应；R_d 为有效根密度，个/100cm²；K 为根系减沙效应所能达到的最大值，%；A、B 为系数。

对于 y 的定义，该模型认为"根系减沙效应指有根系土壤相对于无根系土壤（无根系的黄土母质或农地黄绵土类）的冲刷量减少的百分数"。在其实际计算中，有根系土壤是指林草地土壤，而无根系土壤指的是农地或黄土母质，因而从概念和模型上都由于没有考虑到根系的生物化学作用而难以很好地解释抗冲的有效性。当 $R_d = 0$ 时，$y = 0$，即没有根系时，减沙效应为 0，就根系的物理效应来讲是合乎实际的。但此处无根系土壤以黄土母质或农地黄绵土类作为参比物，则林地、草地土壤即使没有根系，其抗冲能力也由于原来植被的改良作用使其渗透性能、团聚体数量、质量都优于农地，抗冲性必然大于农地或母质。要使式（2-11）成立，减沙效应须与"同层不含根土壤"相比。由于天然植被分布的随机性，在不同年份草本植物分布有所变化，总有一定数量的不含根土块存在，而土体间水力学性质则无显著差别。由此可见，需要对减沙效应的有效性模型进行修正。

（1）根据前述根系固土作用方式分析，在公式模型中宜加入生物化学效应参数 C。

（2）考虑到根土间的黏结作用以及直径不大于 1mm 毛根的偏态分布，90% 以上为 0.1~0.4mm 毛根，将式（2-11）中有效根密度，即 100cm² 土体面积内直径不大于 1mm 毛根的条数用直径 0.1~0.4mm 毛根在 1dm³（10cm×10cm×10cm）土体中的表面积，即有效根面积来代替，这样既能反映毛根的网络串连，又能反映根土黏结作用。修正后的根系减沙总效应方程为

$$y = \frac{KS^b + C}{A + S^b} \qquad (2-12)$$

式中：y 为减沙效应值，%；C 为生物化学效应因子；S 有效根

面积，cm^2/dm^3。

当 $S=0$ 时，即没有根系存在时，$Y=C/A$，为根系生物化学作用效应值。C/A 随植被、土壤类型变化而变化，K 为减沙效应所能达到的最大值，当 $C=0$ 时，亦即参比土壤属同一植被时，方程与式（2-11）形式相同（当然有关参数含意不同），用于描述根系物理固结效应。当 $C=0$，$S=0$ 时，即无根系存在时，根土黏结作用不存在，网络串连作用也没有，则减沙效应为 $y_1=0$。植物的生物化学作用（亦称"生物反馈"）始终贯穿黄土成土过程中。它保护了黄土疏松结构，增强土壤透水性能。生物化学作用与有效根面积的关系可以用以下方程描述：

$$y=a\exp(-bS^d)+C \tag{2-13}$$

式中：y 为减沙效应；S 为有效根面积，cm^2/dm^3。

模型表明，根系的生物化学作用的减沙效应在有植物繁生的土体中，随着根系作用的加强，有效根面积增加的相对重要性减弱。但不论根系如何丰富，生物化学作用始终与根系的物理固结效应同时存在。当根系达到极大丰富时，生物化学作用效应值相对重要性最低为 C。当没有根系存在，即 $S=0$ 时，生物化学作用减沙效应为 $C+a$，亦即 a 为根系使生物化学作用相对重要性的减弱量。

图 2-10 描述了物理固结效应在沙黄土和黄绵土中与根表面积密度的关系。由图 2-10 可以看出，根表面积密度与苜蓿根系在沙黄土和黄绵土中的根系物理固结效应关系规律可以用指数函数较好地拟合，即指数递增函数 $y=72.87[1-\exp(-0.026x)]$，$R^2=0.89*$ 和 $y=90.77[1-\exp(-0.036x)]$，$R^2=0.80*$ 能够较好地反映根表面积密度与根系的物理固结效应。二者决定系数分别达到 0.89 和 0.80，这一结果说明根表面积密度在黄绵土和沙黄土中分别能够解释 89% 和 80% 的根系物理固结效应。类似的研究结果在安塞黄绵土研究中有所报道（表 2-6）。基于以上模型推导，本研究对有效根面积和根表面积密度与根系物

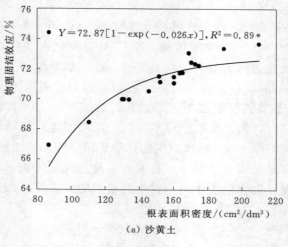

（a）沙黄土

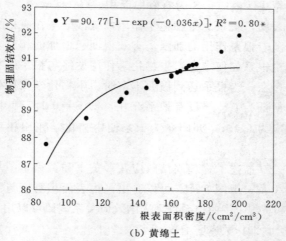

（b）黄绵土

图 2-10 沙黄土和黄绵土中物理固结效应与
根表面积密度的关系

理固结效应之间的关系进行分析，认为式（2-13）中参数 S
宜为根表面积密度（cm^2/dm^3）。认为紫花苜蓿根表面积密度
能够较好地反映根系的物理固结效应，进一步反映根系的土壤

抗冲性能。

图 2-11（a）给出了实测的根系总效应、物理固结效应及网络串连作用与有效根面积（S）的关系曲线。由图 2-11（a）可以看出：

（1）三种效应值都随着有效根面积的增加而增大。当 S 小于 $100cm^2/dm^3$ 时，Y 随 S 增加而迅速增加，之后递增速度放缓，Y 达一定值。

（2）由于根系生物化学作用属于根系活动的滞后效应，因此即使 $S=0$，也就是说没有活根存在，其效应值仍大于 0。因此当 $S=0$ 时，根系的总效应 Y_1 仍然高达 50% 左右。由此可见植物改良土壤创造抗冲性土体构型在保持水土中的巨大作用。

（3）在植物根系的物理固结效应中，网络串连作用相对较小。这一结果与本研究认为随着根系密度增加，黄绵土中根土黏结作用在根系总效应中的比重不断增加相同。主要表现为根土黏结作用。根系在其生长发育过程中，分泌大量的高分子黏胶物质、多糖类。在将土粒或团聚体缠绕串连的同时，根与土粒间的黏结力与根系的抗拉力、弹性相互配合，可以有效地抵抗水流冲蚀。研究证实，通过根系进入根际的有机物占植物光合作用同化碳的 $5\%\sim25\%$。而其中 $50\%\sim75\%$ 以组成复杂的有机物质释放到土壤中。

图 2-11（b）为根系的根土黏结作用和生物化学作用与根系表面积的关系。生物化学作用在整个根系效应中随根系作用的增强（即有效根面积的增加）相对重要性降低。这意味着无论原来母质或土壤结构性多差，抗冲性如何弱，只要建造植被使土体内有丰富的根系，通过根系的网络串连作用和根土黏结作用，在短期内即可显著增加土壤抗冲性，减小水土流失。根土黏结作用与有效根面积关系曲线与物理固结效应曲线的趋势相同，即随着根系丰富程度的增加而其作用增强。当有效根面积达一定值时，这种效应不再随有效根面积的增加而增加。

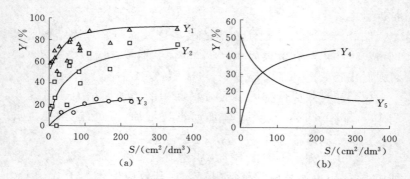

图 2 - 11　根系固土效应与有效根面积的关系

注：Y_1，Y_2，Y_3，Y_4，Y_5 分别代表根系总效应、物理固结效应、
网络串连作用、根土黏结作用和生物化学作用。

表 2 - 6　　根系固结土壤作用模型参数（黄绵土，安塞）

模型	K	B	A	C	R^2	F
根系总效应	95.14	1.33	290	$1.5×10^4$	0.729	80.43 * *
物理固结效应	86.59	0.83	24.96	0	0.655	81.686 * *
网络串连作用	29.94	1.13	193.06	0	0.768	91.65 * *
根土黏结作用	56.66	0.68	21.61	0	0.990	1260 * *
生物化学作用	$y=38.22\exp(-0.021x)+13.5$，$R^2=0.939$，$F^{**}=135$					

同时，本研究参考历史文献和本书研究结果，认为陕北黄土区土壤抗冲性土体构型的建立主要表现在以下三个方面：

（1）土壤有机质含量的提高，为形成团聚体提供了胶结物质。研究表明，土壤的冲失量随着有机质含量增加显著降低。其相关方程为

$$Y=197.46M^{-1.1731}，R^2=0.685，n=30 \qquad (2-14)$$

（2）土壤渗透力增强，有效根面积（S）与土壤 10℃ 时稳渗速率 K_{10} 存在下列关系：

$$K_{10}=0.00075S+0.3169，R^2=0.759，n=30 \qquad (2-15)$$

而土壤渗透能力的改善与植被恢复年限成正相关。本试验中

当坡耕地退耕成草地使其自然恢复植被后，$0 \sim 10 \mathrm{cm}$ 表层土壤入渗能力由式（2-16）给出：

$$K_{10} = 0.0304t + 0.3623, R^2 = 0.995 (0 < t \leqslant 100) \quad (2-16)$$

式中：t 为植被自然恢复年限，年；K_{10} 为 $10^{\circ}\mathrm{C}$ 时土壤稳渗速率。

测定结果表明，退耕农地后，植被的活动每 3 年可使土壤入渗能力增加 $0.1 \mathrm{mm/min}$。退耕 20 年内，在 $40 \sim 50 \mathrm{cm}$ 内土壤 K_{10} 没有表现出显著差异。这意味着欲使植物生物化学效应减沙效益达到 50%，从入渗特性来说，至少要使自然植被生息 26 年。

（3）土壤水稳性团聚体数量和质量的改善。水稳性团聚体质量的衡量标准是其平均重量直径。水稳性团聚体平均重量直径 D_{cp}（cm）与有效根密度 S 呈对数关系：

$$D_{cp} = 0.0506 \ln S + 0.1087, R^2 = 0.704, n = 30 \quad (2-17)$$

2.3 小结

本章通过含根土壤、无根土壤及专门设计的模拟根系冲刷试验，定量分析了植物根系网络串连作用、根土黏结作用和生物化学作用对土壤抗冲性的相对重要性，并测定和分析了根系物理力学特征和根系电学特性，旨在深化植物根系内在固土机理研究。主要结论如下：

（1）沙黄土中植物根系强化土壤抗冲性机理也可以用根系网络串连、根土黏结和根系生物化学三种作用方式来解释并定量化分析。植物根系的物理固结效应是强化土壤抗冲性的主要表现形式。在黄绵土和沙黄土中，根系物理固结效应强化土壤抗冲性的贡献占根系总效应的比例分别为 $77.7\% \sim 82.0\%$ 和 $66.9\% \sim 73.7\%$，其余为根系生物化学作用。

（2）植物根系强化土壤抗冲性土体构型在不同土壤类型中有所差异，根系在黄绵土中强化土壤抗冲性土体构型中的物理固结效应贡献值比沙黄土中平均高出 9.1%。随着根系密度的增加，根系物理固结效应在强化土壤抗冲性中越来越重要。在根系物理固结效应中，随着根系密度的增加，网络串连作用在沙黄土中越来越重要，而在黄绵土中根土黏结作用的相对重要性增加。

（3）土壤的细沟冲刷流失，不是根系断裂造成的，而是根土分离或未被土壤固结造成的。指数递减函数可以较好地拟合两种土壤中竖向根系和横向根系的土壤流失特征。与竖向根系相比，根系横向分布方式更容易抵抗冲刷，产生的土壤流失量较小。指数递增函数 $y=72.87[1-\exp(-0.026x)]$，$R^2=0.89*$ 和 $y=90.77[1-\exp(-0.036x)]$，$R^2=0.80*$ 能够较好地反映根表面积密度与根系的物理固结效应。因此，根表面积密度能够反映根系的抗冲性，可以用来反映土壤抗冲性变化。

第3章 水蚀区植物根系抗侵蚀季节性特征

3.1 实验样地与研究方法

3.1.1 生长季植物根系抗侵蚀研究样地与方法

3.1.1.1 实验小区概况

研究区位于安塞水土保持试验站，多年平均降雨量为505.3mm，但年际变化大且年内分配不均，其中60%以上降雨集中于7—9月。该区侵蚀模数约为10000t·km²/a。研究样地在2001年前长期作为农地，种植土豆、谷子等作物。2001—2009年，样地处于撂荒状态，2009年5月，该样地再次开垦为农地，2009—2012年，连续耕种3年，种植土豆、糜子等作物。

3.1.1.2 研究方法

考虑到对照样地的代表性和典型性，本研究选取了该样地作为试验样地对照组。土壤为黄土母质上发育的黄绵土，抗蚀、抗冲能力差，水土流失严重；土壤质地类型为粉沙壤土，土壤有机质含量为3.65g/kg，黏粒（<2μm）、粉粒（2~50μm）和沙粒（50μm~2mm）含量分别为9.3%、57.4%和33.3%。2012年5月中旬进行试验布置。实验处理（表3-1）包括：

（1）裸地（对照CK）。

（2）单播苜蓿（Medicago Sativa，T代表直根系）。

（3）单播柳枝稷（Switchgrass，F代表须根系）。

（4）混播苜蓿和柳枝稷（T+F）。

（5）自然撂荒（N）。自然撂荒的植物主要包括狗尾草，伴有刺儿菜等。

每个处理小区面积大小为 27m²，坡度为 20°，坡向为东北方向。每个小区布置前将表土疏松，人为将大土粒破碎为粒级小于 1cm 的土粒，所有处理均未施肥。由于种子小，播种采用单位面积（m²）随机撒播的方法，这种方法可以避免播种方向的影响。

表 3-1　　　　　　　　　　实 验 处 理

试验植物	苜蓿（直根系）	柳枝稷（须根系）	苜蓿＋柳枝稷（直根系＋须根系）	农地撂荒
处理	对照 CK，传统密度	对照 CK，传统密度	对照 CK，传统密度	对照 CK

3.1.2　季节性冻融植物根系抗侵蚀研究样地与方法

3.1.2.1　实验小区概况

试验中，于 2012 年 5 月初在安塞水土保持试验站建立野外观测小区，通过小区定位观察的方法建立了 4 个长 5 m，宽 1.5m 的小区，坡度为 15°，在每个小区地表厚度约 40cm 处添加了 5mm 筛的农地表层土壤。供试土壤为当地坡耕地表层土壤（<25cm）。土壤基本性质：土壤类型为黄绵土，粉沙壤土，沙粒质量分数占 23.0%，粉粒质量分数占 65.2%，黏粒质量分数占 11.8%，pH=8.5，有机质含量为 3.77g/kg。控制土壤容重为 1.28g/cm³。分层装土，每层厚度为 5cm，并且边装土边压实，每次在填装下一土层之前将本层表土打毛，以消除两层之间的垂直层理。土槽填土结束后，将表土面整平使之与槽底平行，以保证实验条件的一致性。为了渗透均匀，槽底铺设一层 2cm 细沙。待装土全部结束后，在每一个土槽表面铺一层细纱布，充分洒水后静置，待土壤潮湿而不黏结时按实验设计格局播种草籽。播种时间为 2012 年 5 月，种植植物为黑麦草，将草籽称重等分（密度为 2.2g/m²），每份草籽与等量干土混合均匀随机撒播覆土种植。种植后表面覆盖草席并定期洒水，保证土壤表层潮

湿以利于草种发芽。试验期间各个小区的杂草通过人工及时拔掉处理，在此过程中尽量减少对土壤的扰动。冻融前后土壤样品采集时间分别为 2012 年 10 月 26 日和 2013 年 3 月 23 日。

3.1.2.2 研究方法

设置裸地对照（CK）、黑麦草传统密度水平 LD（low density，2.1 g/m²）和加倍密度水平 HD（high density，4.2 g/m²）3 个处理。每个处理 4 个重复。同时，用地温计观察每个小区不同土层深度的地温。黑麦草高约 5cm 后减少浇灌频率，根据实际情况能够自然生长即可。在生长过程中对自然降雨和人工浇水的水量进行详细记录。土壤抗冲性指标的获取采用原状土冲刷法，即用特制取样器在土槽内采集原状土样，取样深度为 10cm，每个处理 4 个重复。在每个土槽内各采集一个待冲刷样品。为了减少采样过程对土壤的扰动，用锋利的剖面刀在取样器外缘沿土壤表面接触处垂直下切，引导取样器切入土壤。然后，铲掉取样器周边土壤，将取样器完整取出，用剖面刀沿取样器底部将土样削平后垫上带小孔铝制底片，再用保鲜膜密封，尽力避免土样流失。另外，在搬运取样器过程中，将带有铝制底片的一端朝下，保持取样器内土样完整。

3.1.3 参数确定及方法

试验在安塞水土保持实验站（109°19′23″E，36°51′30″N）进行，属于典型的黄土丘陵区。年平均降雨量为 505.3mm，年平均气温为 8.8℃，1 月平均气温为 −7℃。试验期间不同处理表层土壤（5cm）温度见图 3-1。土壤温度测定自冻融前冲刷试验当天开始，每隔 5d 测定一次，测定时间为当天 18：00。

在本研究中，假定季节性冻融前后土壤流失量的变化是由冻融、根系或二者共同作用引起的。为了易于比较，选取季节性冻融前对照小区土壤流失量（CS_b）为参照。于是，冻融对土壤流失量的影响在对照小区（Y_1）和含根小区（Y_2）可以通过式（3−1）和式（3−2）计算得到。当 Y_1（或 Y_2）为正，且数值越大意味着冻融作用增加 CK 小区（或含根小区）土壤流失量越大，反之

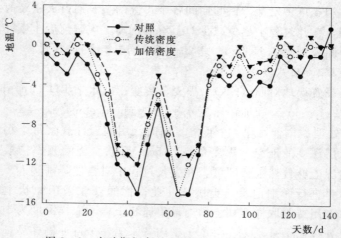

图 3-1　实验期间各处理表层土壤（5cm）温度

则越小。同时，冻融和根系对土壤流失量的共同影响（Y_3）可以通过式（3-3）计算得到。

$$Y_1 = \frac{CS_a - CS_b}{CS_b} \times 100\% \qquad (3-1)$$

$$Y_2 = \frac{RS_a - RS_b}{RS_b} \times 100\% \qquad (3-2)$$

$$Y_3 = \frac{RS_a - CS_b}{CS_b} \times 100\% \qquad (3-3)$$

式中：CS_b 和 CS_a 分别为冻融前后对照小区的土壤流失量，g；RS_b 和 RS_a 分别为冻融前后含根小区（LD 或 HD）土壤流失量，g。

当 Y_3 数值为负，绝对值越大意味着冻融和根系对减少土壤流失量的共同影响越大，反之则越小。

3.2　结果与分析

3.2.1　不同根系形态对土壤结构性质及根系密度的影响

不同处理下土壤性质的变化见表 3-2。由表 3-2 可以看出，与对照（农地）相比，土壤容重在不同处理下变化较小。在不同处理之间，土壤容重下降最大的是处理 T＋F，约下降 1.38%。与种植 9 周相比，种植 21 周后土壤容重在处理 T（直根系）、F（须根系）、T＋F（直根系＋须根系）和 N（农地自然恢复）中分别下降了 3.3%、4.1%、2.5% 和 4.8%。这一结果印证了根系能够增加土壤水分、空气通道，提高了土壤孔隙度，进一步降低了土壤容重。土壤团聚体是评价土壤可蚀性的重要指标。一般来说，土壤团聚体含量越多意味着土壤被侵蚀的几率越小。与对照相比，土壤团聚体含量在处理 T、F、T＋F 和 N 中分别增加了 32.6%、48.6%、64.6% 和 97.9%。与草本种植 9 周相比，种植 21 周后的土壤团聚体含量在处理 N 中增加了约 93.2%。与此同时，土壤团聚体也得到了显著增加，其中，增加最大的是处理 N，约增加 63.3%。这一结果说明了自然撂荒能够改善土壤结构，促进土壤团聚体的形成以及土壤有机质含量的增加，进一步提高了土壤抗侵蚀的能力。土壤抗剪强度（包括黏聚力 C 和内摩擦角 φ）是评价土壤结构稳定性的重要指标之一，含根土壤的抗剪强度大小与土壤自身性质和外在生物根系含量及其分布方式有关。表 3－2 显示了草本种植显著地增加了土壤黏聚力 C 和内摩擦角 φ。确切地说，与对照相比，草本种植处理的土壤黏聚力 C 和内摩擦角 φ 在处理 T＋F 和 N 中分别增加了 168.3% 和 166.6% 与 16.0% 和 35.1%。在不同的生长阶段之间，与草本种植 9 周相比，种植 21 周的土壤黏聚力 C 和内摩擦角 φ 分别增加 115.2% 和 135.5%。这一结果印证了已有报道认为植物根系产生的根系分泌物、多糖等大分子胶结物质是增加土壤黏聚力，提高土壤抗侵蚀能力的重要原因。土壤崩解速率是自然状态下单位时间（min）内单位土体在静水中崩解的质量数或者体积数，是反映原状土壤遇水力浸泡或冲刷而保持稳定的能力。与对照农地相比，处理小区土壤崩解速率增幅介于 43.8%～66.7%，平均增加了 52.3%。与草本种植第 9 周相比，种植 21 周后的土壤崩解速率在处理 T＋F 和 N 中分别下降了 39.0% 和 58.1%。这一结果再次证实了直根系与须根系混播模式更有利于保持土壤结构的稳定性。植物根系通过网络串连、根土黏结和生物化学作用促进土壤结构稳定性是含根土壤具有抗侵蚀性强的重要机理。在本研究中，假设裸地对照小区无根系存在，即植物根系密度为0。由表3-3可以看出，与草本种植9周相比，种植21周后的根系密度在处理T、F、T＋F和N中分别增加了64.0%、89.1%、104.7%和100.1%。这一结果意味着在处理T＋F和N中植物根系密度增加幅度最大，增加速度最快，能够更好地防止土壤侵蚀的发生。植物根系比表面积密度（Root surface area density，RSAD）用单位土体（m^3）中根系的比表面积（cm^2）大小来表征，是评价土壤侵蚀与植物根系之间关系的重要指标。与草本种植第9周相比，RSAD在处理T、F、T＋F和N中分别增加了75.9%、94.1%、157.1%和91.7%。随着RSAD的增加，土壤与根系接触面积不断增加，这有利于根系分泌物及其他胶结物质向土壤中释放，进一步促进土壤抗侵蚀能力的提高。

表3-2　　　　　　　　　不同处理下土壤性质的变化

指标	处理	对照	9周	15周	21周
容重 /(g/cm³)	T	1.21±0.02 a	1.20±0.06 a	1.25±0.05 a	1.16±0.02 a
	F	1.21±0.02 a	1.23±0.06 a	1.18±0.04 a	1.18±0.04 a
	T＋F	1.21±0.02 a	1.21±0.06 a	1.19±0.03 a	1.18±0.04 a
	N	1.21±0.02 a	1.24±0.05 a	1.19±0.04 a	1.18±0.02 a
团聚体 /(g/kg)	T	96.9±8.3 b	115.4±12.0 b	121.2±14.3 ab	148.8±10.4 a
	F	96.9±8.3 c	107.2±14.2 c	137.4±12.4 b	187.5±26.5 a
	T＋F	96.9±8.3 c	124.5±15.7 b	149.6±19.2 b	204.5±16.2 a
	N	96.9±8.3 d	136.8±13.5 c	171.3±16.2 b	264.3±13.9 a
平均重量 直径 MWD /(mm)	T	1.47±0.12 b	1.99±0.15 a	1.57±0.13 b	1.69±0.15 ab
	F	1.47±0.12 b	2.16±0.11 a	2.15±0.08 a	2.33±0.16 a
	T＋F	1.47±0.12 c	2.22±0.23 a	2.13±0.09 b	2.72±0.23 a
	N	1.47±0.12 c	2.14±0.10 b	2.33±0.11 b	2.73±0.07 a

续表

指标	处理	对照	9 周	15 周	21 周
黏聚力 /kPa	T	2.0±0.17 d	2.3±0.12 c	3.5±0.14 b	3.8±0.13 a
	F	2.0±0.17 c	2.5±0.19 b	4.3±0.33 a	4.9±0.29 a
	T+F	2.0±0.17 d	3.3±0.11 c	5.7±0.45 b	7.1±0.56 a
	N	2.0±0.17 d	3.1±0.09 c	5.6±1.12 b	7.3±0.79 a
内摩擦角 φ /(°)	T	22.41±0.49 b	21.23±1.02 b	29.71±0.98 a	28.08±0.93 a
	F	22.41±0.49 c	25.69±1.11 b	29.76±1.49 a	29.03±1.10 a
	T+F	22.41±0.49 b	21.56±0.89 b	29.26±1.32 a	28.19±0.72 a
	N	22.41±0.49 c	28.99±1.07 b	30.27±1.01 a	31.56±1.12 a
崩解速率 /(cm³/min)	T	1.95±0.09 a	1.46±0.92 b	0.90±0.24 c	0.89±0.07 c
	F	1.95±0.09 a	1.79±0.18 a	0.75±0.26 b	0.75±0.05 b
	T+F	1.95±0.09 a	1.14±1.03 b	0.61±0.09 c	0.49±0.03 c
	N	1.95±0.09 a	1.02±0.17 b	0.47±0.21 c	0.46±0.04 c

注　1. T、F、T+F 和 N 分别代表直根系、须根系、直根系+须根系和自然撂荒处理。
　　2. 表中数据为平均值±标准差。同一行不同小写字母表示差异显著。
　　3. MWD 为团聚体平均重量直径。

表 3 - 3　　　　　　　**不同处理下根系特征的变化**

指标	处理	对照	9 周	15 周	21 周
根系密度 /(kg/m³)	T	—	1.00±0.04 c	1.25±0.07 b	1.64±0.11 a
	F	—	1.01±0.05 c	1.43±0.09 b	1.91±0.12 a
	T+F	—	1.06±0.06 c	1.39±0.08 b	2.17±0.14 a
	N	—	1.11±0.08 c	1.44±0.10 b	2.22±0.16 a
根表面积密度 RSAD /(cm²/cm³)	T	—	0.29±0.05 b	0.44±0.05 a	0.51±0.07 a
	F	—	0.34±0.04 c	0.53±0.04 b	0.66±0.03 a
	T+F	—	0.28±0.05 c	0.58±0.04 b	0.72±0.06 a
	N	—	0.36±0.04 c	0.52±0.10 b	0.69±0.05 a

注　RSAD 为根表面积密度；T、F、T+F 和 N 分别代表直根系、须根系、直根系+须根系和自然撂荒处理。

3.2.2　不同植物生长阶段对土壤流失特征的影响

不同植物根系结构对土壤流失的影响见图 3-2。假设对照裸地土壤流失量在整个试验期内是恒定不变的（9.86 kg/m²）。与对照农地相比，处理 T（直根系）、F（须根系）、T+F（直根系＋须根系）和 N（农地撂荒）分别平均减少土壤流失量 26.5%、32.1%、51.5% 和 57.2%。这一结果与已有研究报道相似，即与对照相比，草本种植可以减少土壤流失量 58%～98%。随着根系密度的增加，与草本生长 9 周相比，草本生长 21 周后的土壤流失量减少了 69.9%～87.8%。在不同的处理之间，土壤流失量减少最大的是处理 T+F，这一结果可能与混播模式下直根系与须根系增加较快，而这种结构模式能够更好地阻碍土壤侵蚀的发生以及土壤的流失。

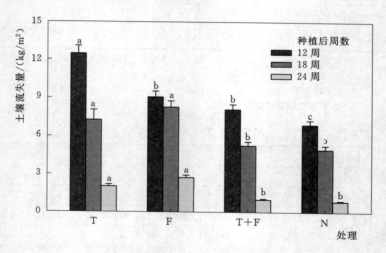

图 3-2　不同处理土壤流失量对比

注：T、F、T+F 和 N 分别代表直根系、须根系、直根系＋须根系和农地撂荒四种处理。小写字母表示同一阶段不同处理之间差异显著。

3.2.3　不同根系形态对土壤抗冲系数的影响

土壤抗冲系数是指冲刷单位土壤（g）需要的冲刷水量

（L），是评价土壤抗侵蚀性的重要指标，土壤抗冲系数越大说明土壤抗侵蚀能力越强。植物根系生长能够形成茂密的网络状结构，这种根系网络串连作用有助于提高土壤抗冲系数，减弱土壤侵蚀。由图3-3可以看出，与对照相比（0.28 L/g），土壤抗冲系数在草本种植小区发生显著增加趋势，在处理T、F、T＋F和N中分别增加了35.7%、52.4%、160.7%和189.3%。与草本种植9周相比，种植21周土壤抗冲系数增加了21.8%～225.0%。同时，处理T＋F和N在抗侵蚀能力方面高于处理T和F，但处理T＋F和N或T或F无统计学显著差异。这一结果印证了已有结果，即植物细根（≤1mm）在土壤中能够提供更多的抗拉强度、抗剪强度，植物混播模式最有利于根系形成地下网络，起到串连、固结土壤的作用。另外，植物根系能够释放有机或无机物质于土壤，改善土壤结构，提高土壤有机质含量。

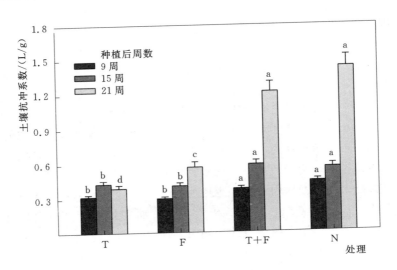

图3-3 不同处理土壤抗冲系数变化

注：T、F、T＋F和N分别代表直根系、须根系、直根系＋须根系和农地撂荒四种处理。小写字母表示同一阶段不同处理之间差异显著。

3.2.4　季节性冻融对土壤抗冲性及相关物理性质的影响

3.2.4.1　不同处理冻融前后土壤物理性质及根系密度的变化

　　从表 3-4 可以看出，初始土壤因人工混合过筛扰动，土壤物理性质在不同处理小区均无显著差异。随着黑麦草的生长，根系深度在冻融前达到 14.8cm。在根系的作用下，与 CK 相比，处理 LD 和 HD 的土壤物理性质发生了变化，不同处理之间土壤容重、大于 1mm 团聚体含量、黏聚力、崩解速率和根系密度均达到统计学显著差异。与初始土壤容重相比，含根小区土壤容重在冻融前略有下降，冻融后有所增加。良好的土壤结构往往依赖于 1~10mm 水稳性团聚体。与冻融前相比，黑麦草传统密度处理（LD）和加倍密度处理（HD）土壤 1~10mm 水稳性团聚体含量略有下降（4.7% 和 2.4%）。土壤抗剪强度从土壤侵蚀的角度来讲是指在剪应力的作用下，土壤颗粒或土壤团粒因持续剪切而引起的剪切变形及变形破坏的阻力。当降雨冲击力超过土壤抗剪强度时便产生一个剪切面，引发土壤的分解作用，从而导致土壤侵蚀的发生。土壤黏聚力 C 是土壤抗剪强度的表征参数之一。通常情况下，土壤黏聚力越大，土壤颗粒内部及颗粒间的黏聚力就越大，土壤抗冲性越强。从表 3-4 可以看出，与冻融前相比，土壤黏聚力在处理 LD 中下降了 7.5%，而在处理 HD 中却增加了 6.8%。但其变化均未达到统计学显著差异水平。

　　土壤崩解是指土壤在水中发生分散、碎裂、塌落或强度减弱的现象。土壤崩解速率越大，意味着土壤在水中被分散、碎裂、塌落得越快，给径流提供的松散物质就越多，产生土壤侵蚀的概率就越大。与冻融前相比，土壤崩解速率在处理 CK 和 LD 中显著增加，分别增加了 17.5% 和 23.2%，而在处理 HD 中无显著变化。这一结果表明季节性冻融能够通过增加土壤崩解速率来提高土壤侵蚀的概率。不同处理中根系密度在冻融前后均无显著变化。

3.2.4.2　不同处理冻融前后土壤流失特征

　　从图 3-4 可以看出，不同处理之间土壤流失规律因冻融作

表3-4　冻融前后不同处理土壤物理性质及根系密度的变化

处理	容重/(g/cm³)			大于1mm团聚体含量/(g/kg)			黏聚力/kPa			崩解速率/(m³/min)			根系密度/(kg/m³)		
	初始值 IV	冻融前 B$_{FT}$	冻融后 A$_{FT}$	初始值 IV	冻融前 B$_{FT}$	冻融后 A$_{FT}$	初始值 IV	冻融前 B$_{FT}$	冻融后 A$_{FT}$	初始值 IV	冻融前 B$_{FT}$	冻融后 A$_{FT}$	初始值 IV	冻融前 B$_{FT}$	冻融后 A$_{FT}$
对照 CK	1.28± 0.02 a	1.25± 0.03 a	1.26± 0.02 a	44.3± 2.2 a	43.5± 2.9 a	45.2± 2.3 a	—	2.1± 0.13 a	2.4± 0.18 a	1.29± 0.14 a	1.03± 0.07 b	1.21± 0.08 a	—	—	—
传统密度	1.28± 0.02 a	1.17± 0.03 b	1.24± 0.04 a	45.7± 1.9 a	66.8± 2.1 b	63.7± 3.2 b	—	4.0± 0.20 b	3.7± 0.23 b	1.31± 0.11 a	0.69± 0.04 b	0.85± 0.09 b	—	2.24± 0.32 a	2.07± 0.25 a
加倍密度	1.28± 0.01 a	1.19± 0.02 b	1.22± 0.03 a	44.6± 2.0 a	74.3± 1.9 c	72.5± 2.4 c	—	4.4± 0.19 c	4.7± 0.15 c	1.24± 0.09 a	0.55± 0.03 c	0.60± 0.04 c	—	3.08± 0.24 b	3.00± 0.17 b

注　数据为4个重复的平均值±标准差。同一列不同字母表示差异显著（$P<0.05$）。

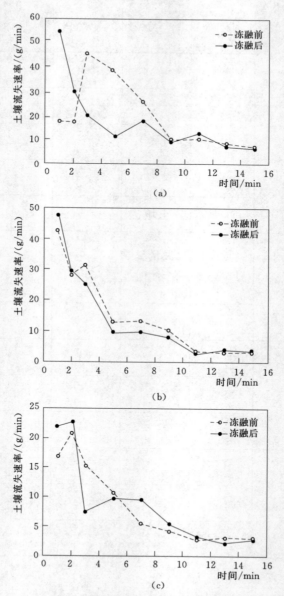

图 3-4　冻融前后不同处理土壤流失特征

用发生了变化。冻融前土壤流失量在冲刷的前 3min 约占处理 CK、LD 和 HD 总土壤流失量的 44.8%，67.6 和 46.5%，而冻融后分别为 28.5%，60.5% 和 45.8%。在 CK 小区，冻融前随着冲刷时间的变化土壤流失速率从 55.1g/min 快速减小至 11.3g/min，而后趋于稳定下降。与冻融前相比，冻融后 CK 小区土壤流失速率在冲刷 2min 后快速增加，约在冲刷的 3min 后开始下降，而 8min 后趋于稳定。主要产沙时间集中在冲刷的第 3～8min，占总土壤流失量的 68.9%。与 CK 相类似，冻融后处理 LD 和 HD 土壤流失速率分别在冲刷的第 3～10min 和第 3～5min 均高于冻融前的土壤流失速率。出现这一结果的可能原因是在土体一冻一融过程中，土壤先经过冻结凝缩，而后出现膨胀，在土壤水分作用下，在土层表面形成了一薄层物理结皮。当物理结皮被剥蚀时，土壤流失量呈显著增加。可见，季节性冻融作用延后了 3 个处理的主要产沙时间，增加了土壤流失速率。

3.2.4.3 不同处理冻融前后土壤抗冲性变化

图 3-5 显示了不同处理冻融前后土壤抗冲系数的变化。由图可以看出，土壤抗冲系数在对照 CK 处理中与冻融前相比发生显著下降，约下降 16.9%，而处理 LD 和 HD 与冻融前相比，冻融后土壤抗冲系数分别下降了 0.9% 和 1.2%，均未达到统计学显著差异水平。

植物根系是影响土壤抗冲性能的重要指标。从表 3-5 可以看出，与冻融前相比，对照 CK、LD 和 HD 土壤流失量分别增加为 19.41%、6.74% 和 1.87%。与对照 CK 相比，冻融和根系共同作用减少了土壤流失量，在 LD 和 HD 处理上分别减少 3.72% 和 49.39%。这一结果说明不同根系密度在冻融过程中减沙效应有所差异，可能原因是不同根系密度在冻融过程中对土壤温度和水分的响应不同。根系的存在能够提高土体抵抗外界环境变化（如土壤侵蚀）的影响。可见，季节性冻融能够降低土壤抗冲能力，增加模拟冲刷的总土壤流失量。根系在季节性冻融过程中减沙效应明显，但这种效应受冻融作用影响较大。

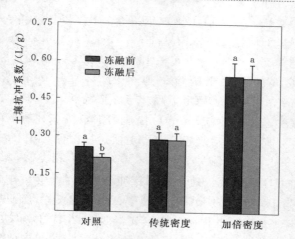

图 3-5　不同处理冻融前后土壤抗冲性变化

注：同一处理不同字母表示差异显著。

表 3-5　　　　不同处理冻融和根系对土壤流失量的影响

参数/%	对照	传统密度	加倍密度
Y_1	+19.41%	—	—
Y_2	—	+6.70%	+1.87%
Y_3	—	-3.72%	-49.39%

注　Y_1 和 Y_2 分别为对照小区和含根小区冻融对土壤流失量的影响（%）；Y_3 为冻融和根系对土壤流失量的共同影响（%）；"+"和"-"分别代表土壤增加和减少。

3.3　小结

本章通过人工模拟冲刷方法，观测生长期、季节性冻融期不同形态组配的植物抗侵蚀功效，期望能够为更好地评价草本植被建设以及季节性冻融过程土壤环境效应评价提供理论依据。主要结论如下：

（1）农地种植草本能够降低土壤容重，增加土壤团聚体含量，在处理 T、F、T+F 和 N 中分别增加了 32.6%、48.6%、64.6% 和 97.9%。土壤抗剪强度也有显著增加，与草本生长第 9 周相比，随着根系生长，21 周后的土壤剪切力增幅为 65.2%～135.5%，而土壤崩解速率下降了 39.0%～58.1%。与此同时，根密度和根表面积密度增幅分别为 64.0%～104.7% 和 75.9%～157.1%。在不同处理之间，土壤抗冲系数在处理 T 和 F、处理 T+F 和 N 之间没有显著差异。与单播处理 T 和 F 相比，混播处理模式 T+F 和自然农地撂荒 N 在土壤抗冲刷方面的作用表现得更为显著。因此，侵蚀环境下通过农地撂荒是提高土壤抗冲性较为有效的途径。

（2）季节性冻融能够降低土壤结构稳定性。冻融前后表层土壤容重、土壤团聚体含量和根系密度在 3 个处理中均未达到统计学显著差异（$P < 0.05$），土壤黏聚力略有下降，而崩解速率与冻融前相比，冻融后在 3 个处理中分别增加了 20.6%、18.8% 和 7.3%。

（3）冻融延后了 3 个处理的主要产沙时间，降低了土壤抗冲能力，增加了土壤流失速率。冻融前土壤流失量主要发生在冲刷的前 3min，而冻融后主要土壤流失量均有所延后。与冻融前相比，冻融后对照 CK 的土壤抗冲系数发生显著下降，而处理 LD 和 HD 分别下降了 0.9% 和 1.2%。

（4）根系在冻融过程中减沙效应明显，但此效应受冻融影响较大。与冻融前相比，冻融分别增加处理 CK 和 LD 的土壤流失量为 19.41% 和 6.70%，但对处理 HD 影响较小。冻融和根系共同作用在处理 LD 和 HD 中分别减少土壤流失量为 3.72% 和 49.39%。

第4章 水蚀区典型退耕模式下植物根系抗侵蚀特征

4.1 实验材料与研究方法

4.1.1 自然撂荒地植物根系抗侵蚀研究

研究样地位于安塞水土保持实验站的墩山（109°19′23″E，36°51′30″N），多年平均降雨量为505.3mm，但年际变化大且年内分配不均，其中60%以上降雨集中于7—9月。研究区地形破碎，沟壑纵横，属黄土高原丘陵沟壑地貌，亦为典型的侵蚀环境区。土壤为黄土母质上发育的黄绵土，抗冲、抗蚀能力差，水土流失严重；土壤质地类型为粉沙壤土，沙粒（2.00～0.05mm）质量分数占19.0%，粉粒（0.05～0.02mm）质量分数占65.2%，黏粒（<0.02mm）质量分数占15.8%。耕层土壤容重为1.15～1.35g/cm³，pH=8.4～8.6，有机质含量为3.5～4.8g/kg。样地基本信息见表4-1。

表4-1 样地基本信息

撂荒阶段	年限/a	坡向	坡度/(°)	海拔/m	草本类型
Ⅰ	0	N	19	1205	糜子
Ⅱ	10	NW45°	20	1276	长芒草
Ⅲ	22	NW30°	24	1238	铁杆蒿-长芒草
Ⅳ	34	NE45°	21	1277	铁杆蒿-长芒草
Ⅴ	43	S	27	1232	铁杆蒿-长芒草

应用时空互代法，在流域内选择地貌特征、植被、土地利用状况及坡度、坡向相似，植被长势比较均匀且年限跨度较大的区

域作为研究样地。这种方法虽然无法保证不同时空的气候等外界环境恒定，但是却可以通过一次同时采集不同生长年限样地的样本来取得较长时间尺度的研究结果，是生态学领域中普遍采用的方法。依据长时间尺度序列下，植物生长年限的影响大于坡向等环境因子对土壤性质的影响，系统地研究黄土丘陵区不同退耕模式〔自然撂荒、人工灌木林（以柠条为例）和人工乔木林（以刺槐为例）〕对土壤抗冲性的影响及关键因子的识别和选取。土壤抗冲性指标的获取采用原状土冲刷法，在所选样地内随机挖 3 个深 60cm 的土壤剖面，并去除地上部植物及枯枝落叶物，用特制取样器自上而下取表层（0～15cm，含 15cm）、中层（15～30cm，含 30cm）和下层（30～50cm，含 50cm）原状土样，每层 2 个重复。为了减少采样过程对土壤的扰动，选择雨后第 2～4d 进行样品采集。同时，在取样器上方垫以结实木块，用皮锤将取样器顺坡垂直砸下。然后，铲掉取样器周边土壤，将取样器完整取出，用剖面刀沿取样器底部将土样削平后垫上带小孔铝制底片，再用保鲜膜密封，尽力避免土样流失。除此，在搬运取样器过程中，将带有铝制底片的一端朝下，保持取样器内土样完整。将带回的取样器连同铝制底片置于水盘中，水深为 5cm，水是从铝制底片小孔自下而上浸润土壤 12h 直至土壤样品达到饱和，冲刷过程同 2.1.2.1 部分。

4.1.2 人工灌木林地植物根系抗侵蚀研究

研究样地位于陕西省延安市安塞县沿河湾镇纸坊沟小流域（36°46′28″～36°46′42″N，109°13′03″～109°16′46″E），多年平均降雨量为 505.3mm，但年际变化大，且年内分配不均，其中 60% 以上降雨集中于 7—9 月。研究区地形破碎，沟壑纵横，属黄土高原丘陵沟壑地貌，亦为典型的水力侵蚀环境区。土壤为黄土母质上发育的黄绵土，土壤抗冲、抗蚀能力差，水土流失严重。土壤质地类型为粉沙壤土，沙粒（2.00～0.05mm）质量分数占 19.0%，粉粒（0.05～0.02mm）质量分数占 65.2%，黏粒（＜0.02mm）质量分数占 15.8%。耕层土壤容重介于

$1.15 \sim 1.35 \mathrm{g/cm^3}$，pH$=8.4 \sim 8.6$，有机质含量为 $3.5 \sim 4.8 \mathrm{g/kg}$。样地基本信息见表 4 - 2。

表 4 - 2　　　　　　　　样 地 基 本 信 息

样地	年限/a	经纬度	坡向	坡度/(°)	海拔/m	优势种	地面覆盖度/%
C0	0	36°46′41″N，109°13′05″E	N	19	1205	糜子	0
C9	9	36°46′52″N，109°15′54″E	NW45°	20	1255	长芒草	15
C21	21	36°46′60″N，109°14′77″E	NW30°	24	1238	铁杆蒿-长芒草	20
C33	33	36°46′66″N，109°16′21″E	NE40°	21	1277	铁杆蒿-长芒草	15
C46	46	36°46′70″N，109°16′79″E	N	18	1232	铁杆蒿-长芒草	15

注　年限指柠条种植年限。

4.1.3　人工乔木林地植物根系抗侵蚀研究

研究区位于安塞水土保持试验站五里湾小流域（109°19′23″E，36°51′30″N），多年平均降雨量为 505.3mm，但年际变化大且年内分配不均，其中 60% 以上降雨集中于 7—9 月。地形破碎，沟壑纵横，属黄土高原丘陵沟壑地貌，亦为典型的侵蚀环境。土壤为黄土母质上发育的黄绵土，抗冲、抗蚀能力差，水土流失严重，侵蚀模式可达 $10000 \sim 12000 \mathrm{t \cdot km^2/a}$；土壤质地类型为粉沙壤土，沙粒质量分数占 19.0%，粉粒质量分数占 65.2%，黏粒质量分数占 15.8%。6 块样地按照刺槐栽植时间先后顺序，分别标记为对照农地 CK，4 年刺槐 RP4，11 年刺槐 RP11，24 年刺槐 RP24，37 年刺槐 RP37 和 43 年刺槐 RP43。考虑到样地背景对研究结果的影响，对照样地选择了连续种植 3 年以上的糜子地。采用麦哲伦 GPS 标记经纬度、高程，罗盘仪（DQL - 8，上海）测定坡向和坡度，柠条盖度（表 4 - 3）采用目估法测定。

样地	年限 /a	坡向	坡度 /(°)	海拔 /m	盖度	有机质 /(g/kg)	地面植物
CK	0	N	19	1201~1213	—	3.77	狗尾草
RP4	4	NW42°	20	1253~1269	0.2	3.87	铁杆蒿
RP11	11	NW35°	24	1258~1273	0.4	8.03	长芒草
RP24	24	NE45°	21	1267~1282	0.7	13.15	长芒草-铁杆蒿
RP37	37	N	18	1242~1268	0.8	13.61	长芒草-铁杆蒿
RP43	43	N	19	1288~1301	0.7	15.80	长芒草-铁杆蒿

表 4-3 　　　　　　　样 地 基 本 信 息

4.2 结果与分析

4.2.1 自然撂荒地植物根系固土效应

4.2.1.1 不同撂荒阶段土壤物理性质及根系密度的变化

从图 4-1 可以看出，随着撂荒年限的增加，与对照（阶段Ⅰ）相比，表层（0~15cm）、中层（15~30cm）土壤容重显著下降，平均下降 8.9% 和 8.0%，而下层土壤（30~50cm）容重变化较小，约下降 0.5%。这可能是由于坡耕地撂荒后上层土壤人为扰动减少，加之植物根系的网络串连作用和生物化学作用促进土壤团粒的形成，疏松土壤增加了土壤孔隙度，使得土壤容重随着撂荒年限发生显著下降。下层根系对土壤影响较弱，土壤容重变化较小。

土壤水稳性团聚体能反映土壤抵抗水力分散的能力，是土壤抗侵蚀性的评价指标之一。在撂荒前期（阶段Ⅱ），表层土壤水稳性团聚体增加较快，而后趋于稳定，与对照相比，阶段Ⅱ、阶段Ⅲ、阶段Ⅳ和阶段Ⅴ的团聚体含量分别增加了 180%、256%、224% 和 218%，平均增加 220%。中层和下层土壤团聚体含量随着撂荒时间的增加均呈阶梯式增加趋势（图 4-2）。土壤抗剪强度从土壤侵蚀的角度来讲是指在剪应力的作用下，土壤颗粒或土

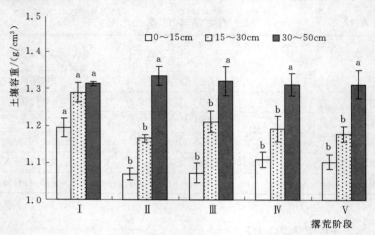

图 4-1　不同撂荒阶段土壤容重变化

注：不同字母表示同一土层不同阶段差异显著。

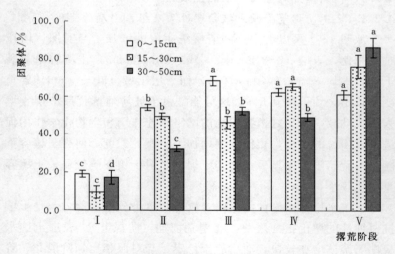

图 4-2　不同撂荒阶段土壤团聚体变化

注：不同字母表示同一土层不同阶段差异显著。

壤团粒因持续剪切而引起的剪切变形及变形破坏的阻力。土壤黏聚力 C 和内摩擦角 φ 是土壤抗剪强度的表征参数。通常情况下，

C 和 φ 数值越大，土壤颗粒内部及颗粒间的黏聚力和摩擦力就越大，土壤抗冲性越强。党进谦等对黄绵土研究发现不同水分梯度主要影响黏聚力 C，对内摩擦角 φ 影响较小。变异系数反映样本相对变异程度，根据变异程度分级：$C_v \leqslant 10\%$ 表示弱变异性，$10\% < C_v \leqslant 100\%$ 表示中等变异性，$C_v > 100\%$ 表示强变异性。本研究中土壤水分变异较小，属于弱变异或者中等变异水平（表4-4），所以，测定抗剪强度时采用非扰动土试验。从表4-4可以看出，随着撂荒年限的增加，与对照相比，表层土壤黏聚力 C 和内摩擦角 φ 均呈不同程度的增加趋势，增幅分别为 $75\% \sim 200\%$ 和 $17.3\% \sim 42.0\%$，平均增大 190.6% 和 23.7%。中层土壤黏聚力 C 和内摩擦角 φ 与对照相比也呈较大的增加趋势，而下层土壤黏聚力 C 和内摩擦角 φ 变化较小。

表4-4　　　　　　　　**不同撂荒阶段土壤抗剪强度的变化**

撂荒阶段	表层（0～15cm）			中层（15～30cm）			下层（30～50cm）		
	含水率/%	C/kPa	φ/(°)	含水率/%	C/kPa	φ/(°)	含水率/%	C/kPa	φ/(°)
I	11	2	24.4	11.7	1	25.9	14.1	7	30.7
II	14.1	7.8	28.6	14.2	1	30.1	16	4.5	32
III	16.19	3.5	34.7	14.91	4.3	30.3	18	7.8	28.3
IV	16.8	6	28.6	14.6	9.5	32.1	16.6	5.5	29.8
V	15.1	6	28.6	17.4	15	34	18.1	5.5	29.8
变异系数 C_v/%	15.6	45.4	12.6	13.9	98.1	9.9	9.9	21.8	4.5

注　C 和 φ 分别是土壤黏聚力和内摩擦角。

土壤崩解是指土壤在水中发生分散、碎裂、塌落或强度减弱的现象。土壤崩解强度越大，意味着土壤在水中被分散、碎裂、塌落得越快，给径流提供的松散物质就越多，产生土壤侵蚀的概率就越大。土壤崩解强度一般用土壤崩解速率表示（cm^3/min）。随着撂荒年限的增加，与对照相比，土壤崩解速率在3个土层中均呈下降趋势，与表层相比，中层和下层土壤的崩解速率变化更大（图 4-3）。植物根系能够通过网络串连、根土黏结和生物化学作用强化土壤抗冲性能。在裸地撂荒过程中，表层植物根系呈先增加后稳定的趋势。与撂荒前期（阶段Ⅱ）相比，阶段Ⅳ和阶段Ⅴ的根系密度分别增加了 2.6 倍和 1.5 倍。中层和下层植物根系随着撂荒阶段的增加均呈显著增加趋势。植物根系根长密度、根表面积密度和有效根面积随着撂荒阶段的增加均呈显著增加趋势。

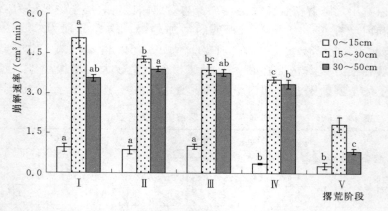

图 4-3　不同撂荒阶段土壤崩解速率变化

与对照农地（假定无根系 0）相比，根系密度、根长密度、根表面积密度和有效根面积在前期增长相对较慢，但与撂荒第Ⅱ阶段相比，撂荒后期植物根长密度（RLD）、根表面积密度（RSAD）和有效根面积（ERA）在 3 个土层中均发生显著增加趋势，例如，在撂荒第Ⅴ阶段，表层土壤 RLD、RSAD 和 ERA 分别增加了 156.2%、471.7% 和 294.2%；中层土壤 RLD、RSAD 和 ERA 分别增加了 55.8%、116.1% 和 65.9%；下层土壤 RLD、RSAD 和 ERA 分别增加了 13.1%、54.6% 和 269.3%（表 4-5）。可见，裸地撂荒过程中植物根系能够固结中层和下层土壤，使得土壤抗冲性增强，而上层土壤随着撂荒年限增大积累的松散物质增加，此时上层的土壤侵蚀概率变小的可能原因主要来自地上植被及其枯落物对降雨的减弱作用。同时，随着撂荒年限增加，根系特征参数均发生显著增加趋势，尤其是根表面积密度和有效根面积增幅最大。这种增加有利于发挥植物根系网络串连、根土黏结和生物化学作用功能，从而起到固结土壤的作用。换言之，正是因为这些根系特征参数随着撂荒年限的增加，呈显著增加趋势，使得植物根系的物理固结效应在强化土壤抗冲性方面起着主导作用。

表 4 - 5 　　　　　　不同撂荒阶段根系特征变化

指标	土层/cm	Ⅱ	Ⅲ	Ⅳ	Ⅴ
根系密度 /(kg/m³)	0～15	2.56±0.23 b	3.35±0.32 b	9.27±0.69 a	8.30±0.66 a
	15～30	1.98±0.10 d	3.90±0.38 c	8.01±0.54 b	14.29±0.57 a
	30～50	1.76±0.28 d	4.06±0.32 c	6.65±0.49 b	11.29±1.03 a
根长密度 /(m/m³)	0～15	11.18±2.19 c	37.92±2.31 a	36.83±1.05 a	28.64±1.73 b
	15～30	19.65±1.98 c	33.53±2.37 ab	38.70±1.99 a	30.63±2.04 b
	30～50	10.76±0.10 b	12.84±0.18 ab	13.27±0.24 a	12.96±0.17 ab
根表面积密度 /(m²/m³)	0～15	12.81±2.24 b	74.39±6.17 a	72.53±2.21 a	73.24±3.32 a
	15～30	29.61±3.84 b	44.40±4.63 b	66.96±2.09 a	63.99±2.77 a
	30～50	12.12±2.23 b	17.92±1.91 a	16.85±1.44 a	18.74±1.62 a
有效根面积 /(m²/m³)	0～15	4.48±0.53 c	18.87±2.04 ab	20.63±1.03 a	17.66±0.93 b
	15～30	9.42±0.81 c	20.56±1.93 a	19.92±1.12 a	15.63±0.78 b
	30～50	3.42±0.31 b	12.56±2.03 a	13.92±1.31 a	12.63±0.65 a

注　不同字母表示同一土层不同阶段差异显著。

4.2.1.2 不同撂荒阶段土壤抗冲性特征

土壤抗冲性是指土壤抵抗外营力机械破坏作用的能力，是土壤抗侵蚀性能的重要方面。由图 4 - 4 可以看出，随着撂荒年限的增大，表层土壤抗冲性呈现出先增加后下降的趋势，以阶段Ⅲ为转折点。这可能与第Ⅴ阶段样地为阳坡样地，其土壤性质及根系密度较低于同期阴坡样地有关。而中层和下层土壤抗冲性呈稳定增加的趋势，土壤抗冲系数在第Ⅴ阶段分别达到了 0.49L/g

和 0.28L/g，与对照相比，分别增加 76.9％和 30.7％。这可能是由于表层土壤在摅荒过程中植物根系通过网络串连作用固结土壤，促进了土壤团粒结构的形成，强化了土壤抗侵蚀能力。同时，随着摅荒年限的增加，根系密度呈快速增加趋势，其网络串连作用增强。与此同时，植物根系在摅荒过程中通过生物化学作用能够增加土壤微生物活性和提高土壤有机质含量（表 4 - 6），进一步提高了土壤抗冲能力。随着摅荒年限增大，根系作用于土壤的能力逐步趋于稳定。而中、下层土壤随着摅荒年限的增大，群落结构变得复杂（如长芒草到铁杆蒿-长芒草群落），根系密度呈显著增加，根系作用于土壤越来越明显，尤其在中层土壤作用越来越强，土壤有机质含量显著增加。因此，土壤抗冲能力增加较下层快。可见，随着摅荒年限的增加，土壤抗冲性均有不同程度的提高，而这种变化主要是因为植物根系通过影响土壤理化性质产生的。

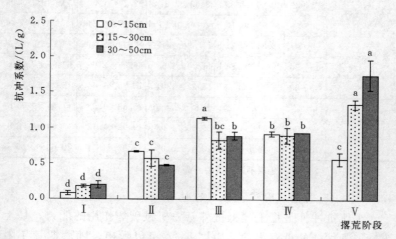

图 4 - 4　不同摅荒阶段土壤抗冲性变化

注：不同字母表示同一土层不同阶段差异显著。

4. 2. 1. 3　摅荒地土壤抗冲系数、土壤物理性质及根系特征之间的关系

　　土壤抗冲性是由植物根系、土壤水稳性团聚体等多因素决定的一个综合性指标。不同土层随着撂荒年限的变化，其指标有所变化。运用 SPSS 软件对土壤容重 X_1、土壤团聚体 X_2、抗剪强度（黏聚力 X_3 和内摩擦角 X_4）、土壤崩解速率 X_5、根系比表面积密度 X_6 与土壤抗冲性 $\hat{Y}$ 进行逐步回归分析得到撂荒地土壤抗冲性方程（表 4 - 7）。

表 4 - 6　　　　　　　不同撂荒阶段土壤有机质的变化

土层/cm	有机质含量/(g/kg)				
	I	II	III	IV	V
表层土壤 （0～15）	3.77±0.34 e	5.31±0.24 d	6.69±0.40 c	8.03±0.58 b	11.38±1.57a
中层土壤 （15～30）	3.19±0.41 c	3.51±0.10 c	5.06±0.32 b	7.51±0.34 a	7.49±0.33 a
下层土壤 （30～50）	2.29±0.13 c	2.22±0.06 c	2.90±0.12 b	4.95±0.14 a	4.27±0.68 a

注　不同字母表示同一土层不同阶段差异显著。

表 4 - 7　　　　　撂荒地不同土层土壤抗冲性与土壤
物理性质及根系密度的关系

土层/cm	回归方程
0～15	$\hat{Y}=0.606-0.035 X_1+2.936 X_2+0.116 X_3+0.116 X_6$ （$R^2=0.912, n=20, P<0.05$）
15～30	$\hat{Y}=0.639+0.219 X_2-0.094 X_5+0.308 X_6$ （$R^2=0.868, n=20, P<0.05$）
30～50	$\hat{Y}=0.151+0.257 X_2+0.019 X_3+0.259 X_6$ （$R^2=0.720, n=20, P<0.05$）

注　$\hat{Y}$，X_1，X_2，X_3，X_5 和 X_6 分别为土壤抗冲性、土壤容重、土壤团聚体、土壤黏聚力、土壤崩解速率和根系表面积密度，R^2，n 和 P 分别为决定系数、样本量和差异显著性。

　　由表 4 - 7 可以看出，撂荒地不同土层土壤抗冲系数与土壤物理性质及根系密度的关系密切，但不同土层影响土壤抗冲性的因素有所差异。其中，土壤团聚体和根系比表面积密度在3个土层中均是影响土壤抗冲性的关键因子。除此之外，影响该区撂荒地表层土壤抗冲性的因素还包括土壤容重、土壤黏聚力C。影响中层土壤抗冲性的因素还包括土壤崩解速率，而影响下层土壤抗冲性的因素还包括土壤黏聚力C。

4.2.2　人工灌木林地植物根系固土效应

4.2.2.1　柠条不同生长阶段土壤物理性质及根系密度的垂直变化

图4-5反映了柠条不同生长阶段下土壤容重的变化。由图4-5可以看出，与对照相比，柠条地表层（0～20cm）和中层（20～40cm）土壤容重平均下降8.9%和18.0%。下层（40～60cm）土壤容重变化较小。

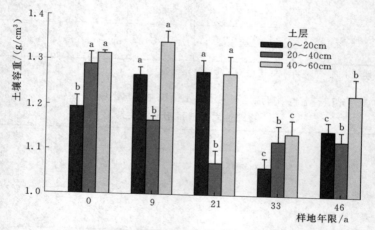

图4-5　柠条不同生长阶段下土壤容重的变化

注：同一土层不同字母表示差异显著。

柠条不同生长阶段中，表层土壤容重呈现出先增加后下降的趋势，而中层土壤容重与对照农地相比发生显著下降。土壤水稳性团聚体是反映土壤抵抗水力分散的能力，是土壤抗侵蚀性的评价指标之一。由图4-6可以看出，柠条生长能够促进土壤团聚体含量的增加，与对照相比，表层、中层和下层土壤水稳性团聚体含量分别增加了 106.6％、348.3％和 195.5％。这可能与土壤有机质随着柠条生长年限增加，其含量有所增加有关（表 4-8）。土壤黏聚力 C 和内摩擦角 φ 也呈现出不同程度的增加。表层和中层土壤黏聚力 C 平均增加 8.0 倍和 7.1 倍。土壤内摩擦角 φ 平均增加 8.7％和 22％。下层土壤抗剪强度变化较小。随着柠条生长年限的增加，与对照相比，土壤崩解速率在 3 个土层中均呈显著下降趋势，表层土壤崩解速率呈先减小后趋于稳定的趋势。中层土壤崩解速率呈显著下降的趋势，与对照相比，平均下降了约 3.6 倍。下层土壤崩解速率变化较小（图 4-7）。

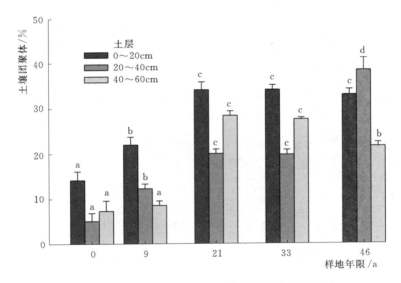

图 4-6 柠条不同生长阶段土壤团聚体含量的变化

注：同一土层不同字母表示差异显著。

植物根系是生物措施强化土壤抗侵蚀能力的关键，随着柠条生长年限的增加，根系密度呈明显增加趋势。与对照相比，表层根系密度发生显著增加，中层和下层根系密度也稳定增加，在种植 46 年后中层和下层根系密度分别达到最大值 14.3kg/m³ 和 11.2 kg/m³（图 4-8）。

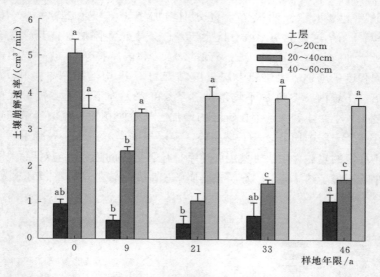

图 4-7　柠条不同生长阶段土壤崩解速率的变化

注：同一土层不同字母表示差异显著。

表 4-8　　柠条不同生长阶段土壤抗剪强度的垂直变化

土层/cm	指标	样地年限/a				
		0	9	21	33	46
表层土壤 (0~20cm)	土壤水分/%	11.0± 0.8 a	15.9± 0.7 b	15.8± 0.5 b	16.2± 0.4 b	15.7± 0.8 b
	黏聚力 C/kPa	2.0± 0.1 a	7.0± 0.4 b	18.5± 2.1 c	16.0± 1.1 c	23.0± 2.4 d
	内摩擦角 φ/(°)	24.4± 1.1ab	26.1± 1.0 a	23.4± 1.5 b	28.7± 1.4 a	27.9± 0.9 a
中层土壤 (20~40cm)	土壤水分/%	11.7± 0.5 a	22.6± 1.1 b	20.5± 1.0 b	17.9± 0.8 c	17.1± 0.4 c
	黏聚力 C/kPa	1.0± 0.1 a	1.3± 0.1 a	4.5± 0.2 b	9.7± 0.7 c	14.0± 1.3 d
	内摩擦角 φ/(°)	25.9± 1.3 a	29.1± 1.0 b	30.3± 1.1 bc	32.7± 1.7 cd	34.3± 2.5 a

续表

土层/cm	指标	样地年限/a				
		0	9	21	33	46
下层土壤 (40~60cm)	土壤水分/%	14.1± 0.6 b	18.7± 0.5 a	14.6± 0.2 b	11.4± 0.3 c	9.5± 0.1 d
	黏聚力 C/kPa	4.5± 1.0 a	7.0± 0.8 bc	7.8± 0.6 c	5.5± 0.6 ab	5.5± 0.4 ab
	内摩擦角 φ/(°)	24.7± 1.1 a	27.9± 1.7ab	28.3± 1.9 b	29.4± 1.0 b	29.9± 1.7 b

注　数据为平均值±标准误差，同一土层不同字母表示差异显著。

表 4-9　　柠条地土壤有机质与土壤物理性质及
根系生物量的相关关系

土壤层次	土壤物理性质					
	容重	团聚体	黏聚力 C	内摩擦角 φ	崩解速率	根系生物量
表层土壤 (0~20cm)	−0.389	0.834 *	0.767 *	0.712	−0.839 *	0.876 *
中层土壤 (0~20cm)	−0.514	0.845 *	0.939 *	0.861 *	−0.844 *	0.863 *
下层土壤 (20~40cm)	−0.586	0.671	0.401	0.220	−0.540	0.597

注　*差异显著性采用 $P < 5\%$。

4.2.2.2　柠条不同生长阶段各土层土壤流失特征

柠条是黄土丘陵区植被恢复的优选灌木树种之一，在水土保持中起着极为重要的作用。柠条不同生长阶段土壤在冲刷过程中的土壤流失特征见图 4-9。由图 4-9 可以看出，负指数函数能够较好地拟合冲刷过程中土壤流失规律。其中，表层（0~20cm）、中层（20~40cm）和下层（40~60cm）土壤流失主要发生在冲刷过程的前 3 min，分别占总土壤流失量的 88.3%、79.8% 和 84.9%。在垂直土层上，中层和下

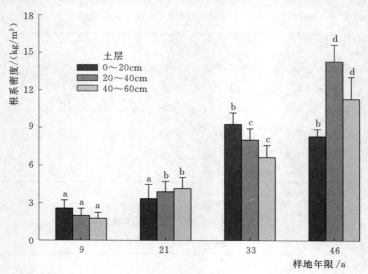

图 4-8　柠条生长阶段根系密度的变化

注：同一土层不同字母表示差异显著。

层土壤流失量较上层土壤流失量少，分别少了 36.4% 和 53.6%。与对照（农地）相比，柠条地土壤流失量在 3 个土壤层次中平均减少了 74.0%、56.7% 和 5.8%。同时，在冲刷过程中颗粒分选作用明显，粉粒流失较多，其次是黏粒流失量较大（表 4-10）。可见，与对照（农地）相比，该区种植柠条能够减少土壤流失，负指数函数能够较好地拟合冲刷过程中土壤流失规律，且约 80% 的土壤流失均发生在冲刷开始的前 3min。

4.2.2.3　柠条不同生长阶段土壤抗冲系数的变化

土壤抗冲性是指土壤抵抗外营力机械破坏作用的能力，是土壤抗侵蚀性能的重要方面。土壤抗冲性越大说明土壤越不易被侵蚀。图 4-10 反映了柠条不同生长阶段下土壤抗冲系数的变化。由图可以看出，土壤抗冲系数在表层、中层和下层均呈现快速增加的趋势。与对照相比，表层、中层和下层土壤抗冲系数分别增

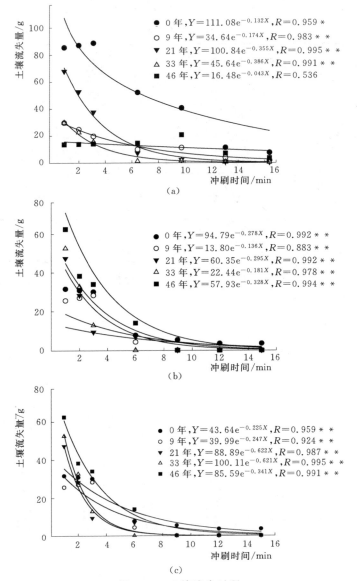

图 4-9 土壤流失过程

注:平均值是五个阶段土壤流失量的均值。

表 4-10　　　柠条地土壤流失与土壤颗粒的相关关系

（样本数 $n=20$）

土壤颗粒	统计参数	黏粒含量 /(g/kg)	粉粒含量 /(g/kg)	沙粒含量 /(g/kg)
表层土壤 (0～20cm)	相关系数 R	-0.437	0.560	-0.160
	显著性检验	0.421	0.327	0.980
中层土壤 (20～40cm)	相关系数 R	-0.156	0.196	0.023
	显著性检验	0.802	0.752	0.970
下层土壤 (40～60cm)	相关系数 R	-0.748	0.706	0.688
	显著性检验	0.146	0.183	0.199

注　颗粒组成按美国制分级。

加了 9.3 倍、4.1 倍和 4.2 倍。针对柠条不同生长阶段，表层土壤抗冲系数呈先增加，而后趋于稳定的趋势，而中、下层土壤抗冲系数均呈显著增加的趋势。

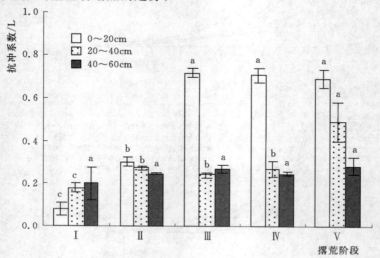

图 4-10　柠条不同生长阶段下土壤抗冲系数的变化

注：同一土层不同字母表示差异显著。

4.2.2.4 柠条土壤抗冲系数、土壤物理性质及根系密度之间的关系

土壤抗冲性是由植物根系、土壤水稳性团聚体等多因素决定的一个综合性指标。不同土层随着柠条生长年限的变化，其指标有所变化。运用 SPSS 统计分析软件对土壤容重 X_1、土壤团聚体 X_2、抗剪强度（黏聚力 X_3 和内摩擦角 X_4）、土壤崩解速率 X_5、根系密度 X_6 与土壤抗冲性 $\hat{Y}$ 进行逐步回归分析得到柠条地土壤抗冲性方程（表 4-11）。

表 4-11　　柠条地土壤抗冲系数与土壤物理性质及
根系生物量的多元线性关系

土壤层次	回归方程
表层土壤（0~20cm）	$\hat{Y}=0.483-0.319X_1+0.441X_2+0.380X_6$ $(R^2=0.904,n=20,P<0.05)$
中层土壤（20~40cm）	$\hat{Y}=0.228+0.131X_2+0.071X_3+0.238X_6$ $(R^2=0.818,n=20,P<0.05)$
下层土壤（40~60cm）	$\hat{Y}=0.121+0.210X_2+0.188X_3+0.260X_6$ $(R^2=0.765,n=20,P<0.05)$

结果显示，土壤团聚体含量和根系生物量在强化土壤抗冲性方面在表层、中层和下层土壤中分别贡献了 71.2%、83.9% 和 71.4%。因此，土壤团聚体含量和根系密度是人工柠条地强化土壤抗冲性的关键指标。同时，土壤容重和土壤黏聚力也是影响表层和中层土壤抗冲性的重要指标。

4.2.3 人工乔木林地植物根系固土效应

4.2.3.1 刺槐不同生长阶段各土层土壤流失特征

刺槐样地不同土层土壤流失过程见图 4-11。由图可以看出，负指数曲线能够较好地拟合土壤流失过程。与对照相比，刺槐样地土壤受冲刷土壤流失较为稳定。表层（0~20cm）、中层（20~40cm）和下层（40~60cm）土壤流失较对照分别减少 52.8%、53.6% 和 28.6%。可能原因是含根土壤与对照农地相

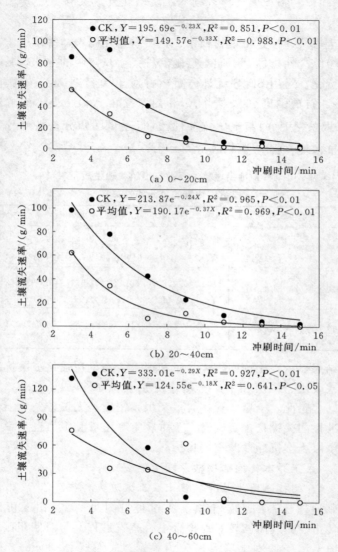

图 4-11　刺槐样地不同土层土壤流失过程

注：平均值是五个阶段土壤流失量的均值。

比具有较大的黏聚力，增加的黏聚力能更为有效地减少径流和土壤流失。总土壤流失在中层和下层多于表层土壤。对照和刺槐样地土壤平均多出 4.0% 和 20.1% 与 2.4% 和 81.7%。这可能与植物根系生物量在土壤垂直剖面上的分布有关。表层根系密度较大，根系通过网络串连、根土黏结和生物化学作用等方式改善土壤结构，强化土壤抗冲能力。

4.2.3.2　刺槐不同生长阶段土壤物理性质及根系密度的垂直变化

　　土壤物理性质和根系特征与土壤抗侵蚀能力密切相关，良好的土壤结构和高密度的根系特征是提高土壤抗侵蚀能力的关键。不同种植年限的刺槐样地土壤物理性质及根系特征差异较大（表 4-12）。与对照相比，刺槐样地表层土壤容重显著下降，平均减少 14.5%。中层和下层土壤容重平均下降 5.7% 和 3.3%，但没有达到统计学显著水平（$P < 0.05$）。同时，表 4-12 显示了样地 RP4 的土壤容重较对照有所增加，增加幅度为 2.5%~3.9%，这可能与刺槐种植年限短、人为扰动较大有关。土壤水稳性团聚体是反映土壤抵抗水力分散的能力，是土壤抗侵蚀性的评价指标之一。与对照相比，刺槐样地表层、中层和下层土壤水稳性团聚体平均增加 34.7%、53.7% 和 57.8%。土壤水稳性团聚体在 RP43 时分别达到最大值，为 754.2g/kg、463.8g/kg 和 396.2g/kg。与此同时，土壤团聚体平均重量直径与对照相比分别增加 7.7%、58.1% 和 30.6%。土壤抗剪强度是评价坡面稳定性的关键指标，一般包括土壤黏聚力 C 和内摩擦角 φ 两个指标。通常情况下，土壤抗剪强度越大，土壤抗侵蚀能力也越强。由表 4-12 可以看出，刺槐样地表层、中层和下层土壤黏聚力 C 与对照相比平均增加了 0.28 倍、2.5 倍和 3.1 倍。内摩擦角 φ 与对照相比平均增加了 11.1%、12.5% 和 25.4%。张光辉等研究了黄土丘陵区小流域不同土地利用黏结力随时间的变化，结果表明荒坡和灌木的黏结力最大，林地次之，农地和果园的黏结力最小，因此得出了荒坡抵抗侵蚀能力最强，细沟可蚀性最小，农地抵抗侵蚀能力最弱，细沟可蚀性最大的结论。类似的研究结果认为土

表 4 - 12　　刺槐地各土层土壤物理性质及根系特征变化

土壤性质	土层/cm	对照 CK	RP4	RP11	RP24	RP37	RP43	平均值
容重 /(g/cm³)	0~20	1.19±0.02 a	1.22±0.04 a	1.05±0.02 b	0.98±0.03 cd	0.91±0.04 d	0.93±0.02 d	1.02±0.02 bc
	20~40	1.27±0.04	1.31±0.02 a	1.23±0.03 b	1.13±0.02 d	1.14±0.03 cd	1.18±0.01 c	1.20±0.03 bc
	40~60	1.28±0.03	1.33±0.04 a	1.32±0.01 a	1.23±0.03 b	1.12±0.02 c	1.19±0.03 c	1.24±0.03 b
团聚体 /(g/kg)	0~20	384.8±23.6	357.2±53.8 c	433.2±33.5 bc	438.6±28.2 bc	608.4±44.6 a	754.2±56.7	518.4±39.7 ab
	20~40	192.1±9.4 d	178.4±7.2 d	259.3±16.2 c	241.8±13.6 c	332.4±29.3 b	463.8±19.5 b	295.2±19.5 b
	40~60	146.3±8.2 c	140.6±3.2 c	133.8±17.4 c	228.6±23.2 b	252.6±10.8 b	396.2±13.8 a	230.4±13.8 a
平均重量直径 /mm	0~20	2.54±0.13	2.47±0.08 b	2.89±0.18 a	2.87±0.11 a	2.66±0.12 ab	2.79±0.13 a	2.74±0.18 a
	20~40	1.51±0.18 c	1.59±0.18 c	2.84±0.10 a	2.53±0.12 b	2.54±0.11 b	2.43±0.10 b	2.39±0.13 b
	40~60	1.30±0.12 c	1.19±0.02 c	1.62±0.16 b	1.92±0.04 a	1.92±0.13 ab	1.84±0.09 ab	1.70±0.14 b
黏聚力 C /kPa	0~20	2.3±0.3 cd	2.3±0.2 d	3.4±0.3 a	3.3±0.2 a	3.0±0.3 ab	2.8±0.2 bc	3.0±0.2 ab
	20~40	2.0±0.2 d	1.5±0.2 e	4.7±0.4 c	7.2±0.4 b	10±0.9 a	11.6±0.8 a	7.0±0.5 b
	40~60	1.0±0.1 c	1.1±0.4 c	1.8±0.3 c	6.5±0.5 a	5.5±0.7 a	5.7±0.4 a	4.1±0.2 b
内摩擦角 φ/(°)	0~20	25.5±0.4 c	25.5±0.9 c	25.3±0.9 c	32.2±1.2 a	26.7±1.3 b	28.8±1.4 b	27.8±1.2 b
	20~40	23.9±1.1 c	25.6±0.7 bc	26.8±0.4 b	26.0±0.8 b	28.4±1.1 a	27.7±1.6 b	26.9±0.9 a
	40~60	22.4±0.4 c	27.7±0.6 b	30.0±0.7 a	27.1±0.7 b	28.6±0.9 ab	27.1±0.8 b	28.1±0.7 b
崩解速率 /(cm³/min)	0~20	0.95±0.09 a	0.85±0.05 a	0.68±0.10 b	0.69±0.09 b	0.48±0.02 c	0.32±0.03 c	0.60±0.04 c
	20~40	5.06±1.03 a	3.42±0.48 b	1.36±0.08 d	1.29±0.04 de	1.23±0.03 e	1.47±0.04 d	1.75±0.22 c
	40~60	2.46±0.33 a	2.87±0.31 a	2.66±0.19 a	2.04±0.07 bc	1.92±0.07 c	0.92±0.02 d	2.08±0.06 ab
根系密度 /(kg/m³)	0~20	—	0.62±0.07 e	1.10±0.05 d	2.02±0.13 b	2.52±0.27 a	2.18±0.15 ab	1.69±0.13 c
	20~40	—	0.41±0.04 d	0.82±0.03 c	1.41±0.11 b	1.94±0.21 a	1.99±0.14 a	1.31±0.11 b
	40~60	—	0.33±0.03 d	0.47±0.06 c	0.73±0.19 a	0.70±0.13 a	0.83±0.09 a	0.61±0.05 b

注　不同字母表示差异显著。平均值来自五个阶段的刺槐地土壤性质。

壤抗剪强度的增大是因为根系串连和黏结土壤颗粒在分泌物等胶结作用下形成了更多的大粒级团聚体。随着刺槐生长年限的增加，与对照相比，土壤崩解速率在 3 个土层上均呈显著下降趋势，说明刺槐地土壤在水中更难被分散、碎裂、塌落。可能与根系分泌物加速土壤团聚体形成，进一步增强了土壤结构稳定性有关。植物根系能够通过网络串连、根土黏结和生物化学作用等方式提高土壤抗剪强度。假设对照样地不存在根系活动，即根系密度为 0，随着刺槐生长年限的增加，根系密度稳定增加，在样地 RP43 中，根系密度在 3 个土层中分别是 2.2kg/m³、2.0kg/m³ 和 0.8kg/m³，均达到了最大值。需要特别说明的是，在本研究采样过程中，由于样品的完整性和代表性，尽量避免了对粗根系（>3mm）的采集。已有文献说明了这种采样方法在 60cm 土壤剖面层次中能代表全部根系的 30%～60%。因此，本研究可能低估了根系对土壤抗冲性的影响。与粗根系相比，细根（<3mm）在数量上占绝对优势，细根与土壤具有更大的接触面积和网络串连作用。这有利于土壤颗粒胶结，促进了土壤团聚体的形成，进一步增加了土壤抗侵蚀能力。

4.2.3.3 刺槐不同生长阶段各土层土壤抗冲系数的变化

土壤抗冲性是指土壤抵抗外营力机械破坏作用的能力，是土壤抗侵蚀性能的重要方面。土壤抗冲性越大意味着土壤抗蚀性越低，土壤越不易被侵蚀。图 4-12 反映了刺槐不同生长年限下土壤抗冲系数的变化。由图 4-12 可以看出，与对照相比，土壤抗冲系数在刺槐地 3 个土层中平均分别增加 6.8 倍、1.6 倍和 0.2 倍。呈先快速增加后趋于稳定的过程。这一结果说明土壤抗冲系数随着刺槐生长年限的增加呈非线性增加趋势。对于刺槐幼龄林来说，受人为扰动较大，土壤与根系相互作用较弱。然而，对于成熟林来说，土壤与根系相互作用明显增强。另外，林下地面枯落物和生物结皮对土壤结构改善也不可忽视。因此，土壤结构性质在刺槐幼龄林和成熟林之间差异显著。与表层土壤相比，中层土壤抗冲系数呈显著增加趋势，而下层土壤抗冲系数较为稳定。

这一变化趋势与土壤团聚体和根系生物量的变化较为吻合。

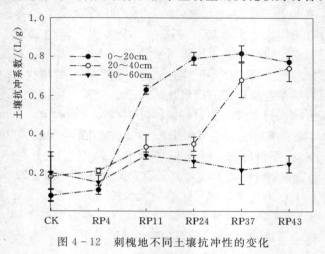

图 4-12　刺槐地不同土壤抗冲性的变化

4.2.3.4　刺槐土壤抗冲系数、土壤物理性质及根系密度之间的关系

土壤抗冲性是由植物根系、土壤水稳性团聚体等多因素决定的一个综合性指标。不同土层随着刺槐生长年限的变化，其指标有所变化。运用 SPSS 软件对土壤容重 X_1、土壤团聚体 X_2、抗剪强度（黏聚力 X_3 和内摩擦角 X_4）、土壤崩解速率 X_5、根系密度 X_6 与土壤抗冲性 $\hat{Y}$ 进行逐步回归分析得到撂荒地土壤抗冲性方程。

表层土壤：

$$\hat{Y}_{Aur}=0.218\,X_2+0.183\,X_3+0.231\,X_6-0.701$$
$$(R^2=0.926,n=24,p\leqslant0.05)$$

中层土壤：

$$\hat{Y}_{low}=0.372X_2+0.055X_6-0.075X_5-0.043$$
$$(R^2=0.855,n=24,p\leqslant0.05)$$

结果显示，土壤团聚体含量和根系生物量在强化土壤抗冲性方面分别贡献了 71.0% 和 90.8%。同时，土壤黏聚力和土壤崩解速率也是影响表层和中层土壤抗冲性的重要指标。然而，对于下层土壤，虽然土壤抗冲系数与土壤团聚体含量和根系生物量的相关性较大，但没有达到生物统计学显著水平。因此，在逐步回归分析中不能提取关键影响因子。这一结果可能与本研究的采样方法有关（方法见第2章）。该方法低估了根系作用，进一步低估了土壤团聚体含量，而土壤团聚体和根系密度正是强化土壤抗冲性中的重要指标。因此，未来的研究宜在室内外验证性地探索根系物理串连作用、根土黏结作用和生物化学作用在强化土壤抗冲性中的贡献水平及其测定的新技术。

4.3　小结

　　植物根系的存在能够引起土壤性质发生变化。当植物种类和群落变得丰富时，根系密度呈快速增加趋势，其网络串连作用增强。与此同时，植物根系能够通过生物化学作用增加土壤微生物活性和提高土壤有机质含量。本章对黄土丘陵区人工林（以刺槐为例）植被建设条件下植物根系固土效应进行了较为系统的研究，主要结果如下：

　　（1）种植人工林能够有效地改善土壤结构性质。在模拟冲刷过程中，土壤抗冲系数与土壤结构性质关系密切，负指数函数能够较好地拟合冲刷过程中的土壤流失规律，在对照和刺槐地处理上均呈减小趋势。

　　（2）与对照相比，刺槐地土壤容重在表层、中层和下层土壤上分别平均下降 14.5%、5.7% 和 3.3%。土壤水稳性团聚体和抗剪强度在 3 个土层中均发生显著增加，而土壤崩解速率在 3 个土层中均呈显著下降趋势，随着刺槐生长年限的增加，土壤结构稳定性增强。

　　（3）土壤水稳性团聚体含量和根系密度在强化土壤抗冲性方面分别贡献 71.0% 和 90.8%，是强化研究区人工林土壤抗冲性的关键指标。

第5章 水蚀风蚀交错区沙柳根系对土壤水蚀的调控效应

　　植物根系基于其生物力学特性如抗拉特性、根-土界面摩阻特性和根-土复合体抗剪特性（姚喜军 等，2008），以及根系分泌物作用，可通过网络串连、根土黏结和生物化学等三种作用方式（刘国彬，1998），提高土壤抗冲能力，增强土体抗剪强度（Mamo et al.，2001），强化土壤渗透性能（Wu et al.，2000；Joseph et al.，2003），并创造出抗冲性土体构型（李勇 等，1992）。Zhou et al.（2007）通过人工模拟降雨试验研究发现黑麦草（*Lolium perenne L.*）根对粉砂质黏土的减沙贡献率最高可达95%。郭明明等（2016）采用径流小区冲刷法，研究了不同根系密度下塬面退耕地和沟头退耕地的土壤抗冲性，结果发现随根系密度增大，黄绵土土壤抗冲系数最高可增大7.57倍。目前，水蚀区壤质土植物根系固土抗蚀的研究较为深入，然而，由于自然环境（气候、侵蚀方式、土壤类型、土壤含水率）不同，植物根系生物力学特性具有显著差异（苑淑娟 等，2009；Wang et al.，2011），这会影响根系强化土壤抗侵蚀能力作用的发挥（Wutien，2013）。Li et al.（2017）以黄绵土和沙黄土为材料，通过设计具有根系网络串连、根土黏结和生物化学等三种不同根系作用的土壤样品，定量研究了根系这3种作用方式的减沙贡献率和相对重要性及其在两种土壤类型上的差异，结果发现根系强化砂土土壤抗冲性的作用较黄绵土小，且随着根系生长，沙黄土中根系网络串连作用越来越重要，而黄绵土中根土黏结作用则越来越关键。黄土高原水蚀风蚀交错区土壤侵蚀过程与单相水蚀不尽相同（Tuo et al.，2015）。因此，研究该区域沙生植被根系对坡面水沙过程的调控机理，对定量评价黄土高原水蚀风蚀交错区植被水土保持效益具有一定的参考。

鉴于此，本章以黄土高原水蚀风蚀交错区防风固沙先锋灌木沙柳为研究对象，通过室内布设沙柳根系水蚀土槽和野外布设沙柳根系水蚀试验小区，采用室内模拟降雨和野外水蚀定位观测方法，研究沙柳根系作用坡面土壤水蚀特征，以期初步揭示黄土高原水蚀风蚀交错区沙生植被根系对土壤水蚀的调控效应，丰富根系抗侵蚀机理和水蚀因子的研究内容。

5.1 实验材料与研究方法

5.1.1 沙柳根系抗水蚀的室内模拟

5.1.1.1 试验土槽布设

供试土壤属风沙土，采自陕西榆林的沙柳地，采样深度为 0～20cm，土壤采回后过 5mm 筛以剔除植物根系、杂草和石块，然后充分混匀、晾晒（自然风干），备用。供试土壤颗粒机械组成为黏粒（<0.002mm）12.77%，粉粒（0.002～0.05mm）21.17%，砂粒（>0.05mm）66.06%。试验土槽为长 110cm、宽 70cm、高 35cm 的可调坡移动式水蚀、风蚀两用型钢制土槽。装土前先在槽底平铺厚 3cm 的细沙，再在细沙上铺透水的细纱布，以使试验土层的透水状况接近于天然坡，保证水分均匀下渗。装土时按设计容重（1.3g/cm³），分 6 层填装（每 5cm 为 1 层），每层装完后将表土打毛以消除两层土壤之间的垂直层理。装土后，刮平土壤表面，并将装好土的试验槽放置在避雨棚下，静置 15d 以上，以便土壤在试验槽内自然沉降。采集陕西省治沙研究所沙地植物园栽植 5 年以上沙柳苗木的枝条剪取插穗，剪取插穗长 20cm，插穗埋在湿沙中进行倒立催根处理。2017 年 3 月中旬进行扦插，扦插露 1～2 个顶芽，扦插深度为 4～5cm，并灌透水。该研究通过采用密植沙柳的方法来获取不同沙柳根系密度，考虑到试验的可行性，沙柳扦插密度设置为 0 株/槽（对照），5 株/槽（R1：低密度），10 株/槽（R2：中密度），15 株/槽（R3：高密度），每个沙柳扦插密度设 4 个重复。

5.1.1.2　模拟方法和过程

试验在中国科学院水利部水土保持研究所土壤侵蚀与旱地农业国家重点实验室人工模拟降雨大厅进行。

（1）降雨设备。采用侧喷式降雨设备。侧喷式降雨设备由计算机自动控制，降雨强度在 40～260mm/h 内连续可调，降雨高度为 16m，能满足所有雨滴在落地前达到终点速度，降雨均匀度大于 80%，降雨持续时间最大可达到 12h。

（2）试验设计和过程。参考黄土高原水蚀风蚀交错区侵蚀性降雨强度主要分布范围（30～150mm/h）以及该区域典型季风气候下的降雨特征，试验选择 2 个雨强（60mm/h 和 100mm/h），分别代表低强度水蚀和高强度水蚀。考虑到该侵蚀区域坡耕地坡度介于 10°～20°（Shi et al.，2012），降雨坡度选择 15°。每个雨强和处理下进行一次重复试验，共计 8 场降雨。试验时将土槽内沙柳地上部分剪除，称其生物量，刷去枯落物，并调节土槽坡度至 15°。模拟降雨试验前，率定雨强并确定有效降雨区，率定完成后，将土槽置于有效降雨区内。降雨开始后记录产流时间，产流后开始计时，降雨历时设为 60min。坡面产流后采用高锰酸钾染色法对坡面上下两部分（10～50cm 和 60～100cm）分别测定径流流速，测定方法是从产流开始，每隔 3min 用秒表测定水流流过固定坡面区间的时间，最后选取流速基本稳定后的多次平均值作为坡面的平均流速，并考虑到采用染色法测定的流速为坡面优势流流速，因此最终水流断面平均流速（cm/s）采用实测流速乘以修正系数 0.75 获得。产流过程中，每 5min 采用编号桶在试验槽出水口收集径流土壤样，总计收集 20 次。采用温度计测定的水流温度来计算水流黏滞系数。降雨结束后，静置编号桶 36h 后移出桶中径流，并用量筒测定径流量（L）。将剩余土壤样转移至铁盒并置于烘箱内 40°烘干并测定土壤量（g）。

（3）参数计算。坡面侵蚀率（径流率）计算公式如下：

$$E_r = E_a / St \qquad (5-1)$$

式中：E_r 为侵蚀率，$g/(m^2 \cdot min)$，或径流率，mm/min，即单位时间、单位面积上的侵蚀量（径流量）；E_a 为实测土壤侵蚀量（径流量）；S 为土槽面积，m^2；t 为径流取样间隔时间，min。

根系减沙效益指含根土壤相对于无根土壤侵蚀量减小的百分数（李超，2016；Zhao et al.，2017），它是表征根系提高土壤抗蚀性能有效性的最佳指标。根系减沙效益计算公式为

$$CS_r = (S_b - S_r)/S_b \times 100\% \qquad (5-2)$$

式中：CS_r 为根系减沙效益；S_b 为裸土产沙量，$g/(m^2 \cdot min)$；S_r 为含根土壤坡面产沙量，$g/(m^2 \cdot min)$。

水深是反映坡面流水动力学特征的重要因子，赵春红等（2013）指出坡面水流水层较浅薄且下垫面条件不断变化，采用实测法难以实现，因此，假定水流沿坡面均匀分布，可采用下式计算水深：

$$h = \frac{Q}{UBt} \qquad (5-3)$$

式中：Q 为 t 时间内的径流量，cm^3；U 为断面平均流速，cm/s；B 为过水断面宽度，m；t 为径流取样间隔时间，min。

坡面入渗率的动态变化过程可根据降雨强度与降雨过程中实测径流量的大小计算，公式如下：

$$i = r\cos\theta - \frac{10R_j}{St} \qquad (5-4)$$

式中：i 为坡面入渗率；r 为降雨强度，mm/min；θ 为地表坡度，$(°)$；R_j 为第 j 次取的径流量，cm^3；S 为土槽面积，cm^2；t 为径流取样间隔时间，min；10 为单位换算系数。

在水力学中无量纲参数雷诺数 Re 是表征水流流型的重要参数，其计算公式为

$$Re = \frac{Uh}{v} \qquad (5-5)$$

$$v = 0.01775/(1 + 0.0337T + 0.000221T^2)$$

式中：U 为断面平均流速，cm/s；h 为水深，cm；v 为水流动力黏滞系数，m^2/s；T 为水温，℃。

单位水流功率 P 表示在一定长度和坡度的坡面上，单位重量的水体具备的输送水和土壤的能量。单位水流功率计算公式为

$$P = UJ \qquad (5-6)$$

式中：P 为单位水流功率，cm/s；U 为断面平均流速，cm/s；J 为水流能坡，采用公式 $J = \sin\theta$ 进行计算（Abrahams et al.，2001），其中 θ 为断面坡度。

水流切应力 τ 是分离土壤的主要动力，在水力学中水流切应力计算公式如下：

$$\tau = \gamma R J \qquad (5-7)$$

$$\gamma = \rho g$$

式中：τ 为水流切应力，Pa；γ 为水流重度；ρ 为水流密度；g 为重力加速度；R 为径流水力半径，对于坡面薄层水流，$R = h$。

阻力系数 f 是反映坡面粗糙度的一个属性参数，Darcy-Weisbach 阻力系数 f 计算公式如下：

$$f = \frac{8ghJ}{U^2} \qquad (5-8)$$

式中：J 为水流能坡，采用公式 $J = \sin\theta$ 进行计算，其中 θ 为断面坡度。

土壤抗冲性参数和临界切应力采用雷俊山等（2004）提出的平整坡面薄层水流产沙概念模型来计算。该模型如下（赵春红等，2013）：

$$g = k(\tau - \tau_0) \qquad (5-9)$$

式中：g 为单宽输沙率，g/(m·s)；k 为与土壤性质、下垫面特征和水流特征等有关的参数，s^2/m；τ 为水流切应力，Pa。

5.1.2　沙柳根系抗水蚀的野外观测

5.1.2.1　野外试验小区布设

在中国科学院水利部水土保持研究所神木侵蚀与环境试验站

西北方向（约 1.5km 处），选择典型自然坡面，在确保立地条件相似情况下，用 PVC 板围挡，形成独立试验小区。试验小区的坡面长 8m，宽 2.5m，末端均有径流汇集口及接样桶。在小区坡面纵向上用 PVC 板将坡面隔离为两部分：一部分为宽 2m 的自然降雨坡面径流观测区；另一部分为宽 0.5m 的自然风蚀坡面观测区。

2016 年 3 月中旬进行沙柳扦插育苗，采集陕西省治沙研究所沙地植物园栽植 5 年以上沙柳苗木的枝条剪取插穗，剪取插穗长 20cm，插穗埋在湿沙中进行倒立催根处理。2016 年 4 月中旬进行扦插，扦插露 1~2 个顶芽，扦插深度 4~5cm，插后覆细沙，并灌透水，随后根据土壤水分状况灌水。根据沙柳分布的野外调查，设置 5°和 15°两个坡度试验小区，共计 24 个试验小区。沙柳栽植密度分别为 0 株/m²（裸地对照）、1.0 株/m²（普通密度）和 2.0 株/m²（加倍密度）。每个沙柳栽植密度设置 4 个重复。

5.1.2.2　观测方法和过程

因该试验区雨季主要分布在 6—10 月，选择 2017 年的 5 月、7 月、8 月和 9 月为水蚀观测期。该研究中所有水蚀观测小区共计 24 个，即 2 个坡度（5°和 15°）×3 个处理（裸地、普通沙柳密度和加倍沙柳密度）×4 重复。各水蚀观测期月初，在沙柳处理坡面（普通密度和加倍密度）上沿地面剪掉沙柳地上部分，同时将各试验小区土层表面耙平，以避免前期降雨形成的表面结壳的影响。在各水蚀观测期月末测量各个试验小区径流量、产沙量并采集各个沙柳处理坡面的根系样品（挖掘剖面法）。径流量的测定方法：在各水蚀观测小区集流桶的 3 个不同位置进行人工测量桶中水深，取其平均值并结合集流桶规格计算该月该坡面累积径流量。将同一坡度同一处理的 4 个小区所测得的径流量取其平均值即表示该坡度下该处理坡面该月的累积径流量。产沙量的测定方法：水深测量完毕后，采用传统方法搅浑集流桶中水样，待搅匀后迅速用 600mL 聚乙烯专用瓶装满浑水，静置后倒出上层清液，并将剩余泥水样转移至铝盒中，采用烘干法测定土壤量。该过程重复进行 3 次，最后取其平均值，并结合集流桶中径流量计算该月坡面累积产沙量。将同一坡度同一处理的 4 个小区所测得的产沙量取其平均值即表示该坡度下该处理坡面该月的累积产沙量。

5.2　结果与分析

5.2.1　室内模拟下根系对土壤水蚀的调控效应

5.2.1.1　根系对坡面初始产流时间的影响

在降雨初期，雨水主要消耗于土壤入渗，因此从降雨开始至坡面底部径流流出有一个明显的滞后时间，即初始产流时间。采用室内人工模拟降雨方法，通过对两种雨强（60mm/h 和 100mm/h）下不同根系密度处理（CK：裸土；R1：低密度；R2：中密度；R3：高密度）坡面初始产流时间研究发现，60mm/h 和 100mm/h 两个雨强下，三种根系密度处理（R1、R2 和 R3）坡面初始产流时间较裸土均有不同程度延长（图 5-1），说明根系对坡面径流产生及产流后的汇流过程具有一定的延滞作用。不同根系密度处理坡面产流时间有所差异，R3 处理坡面初始产流时间较裸土延长最大，分别为 5.5min（60mm/h）、3.0min（100mm/h）。

从图 5-1 可以看出，与 100mm/h 雨强相比，60mm/h 雨强下根系处理坡面初始产流时间更长。具体来说，60mm/h 雨强下根系处理坡面初始产流时间较裸土平均延长 3.13min，100mm/h 雨强下平均只延长了 1.87min。这说明，在一定雨强范围内，雨强增大，根系延缓坡面产流的作用减弱。60mm/h 和 100mm/h 两个雨强下坡面产流时间具有较大差异。总的来说，60mm/h 雨强下试验坡面初始产流时间平均为 44.75min，100mm/h 雨强下试验坡面初始产流时间平均为 15.10min。试验结果说明，与根系相比，雨强对坡面初始产流时间的影响更大。分析认为雨强较小时，由于风干土壤（质量含水率约为 1.56%）水分渗透能力较强，加之雨滴动能较小，因此土壤在根系作用下产流时间延长较为明显，当雨强增大，雨滴动能较大，溅蚀作用较强，致使土壤颗粒快速堵塞水分入渗通道，地表封闭或形成结皮，这在一定程度上弱化了根系影响。

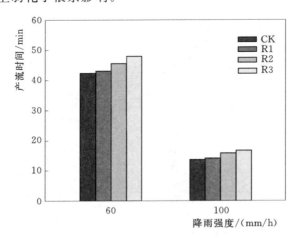

图 5-1　60mm/h 和 100mm/h 雨强下不同根系
密度处理坡面产流时间

5.2.1.2　根系对坡面入渗的影响

植物根系具有土壤水力学性质改善效应，其通过网络串连、根土黏结和生物化学作用可有效地强化土壤入渗性能。图 5-2 显示了 60mm/h 和 100mm/h 两种雨强下不同根系密度处理土壤入渗率随降雨历时的变化。从图 5-2 可以看出，根系处理坡面与裸土的入渗率随降雨历时变化的总趋势基本相同，均表现为随降雨历时的延长呈减小并趋于稳定。但随降雨历时延长，60mm/h 和 100mm/h 两个雨强下，三种根系密度处理（R1、R2 和 R3）土壤入渗率整体上均较裸土高，这说明根系具有增大砂质土壤入渗性能的作用。由图 5-2 分析可知，与裸土相比，R1 处理土壤入渗率可平均增大 1.03%（60mm/h）、0.50%

(100mm/h)，R2 处理可平均增大 3.00％ （60mm/h）、2.06％ (100mm/h)，R3 处理可平均增大 3.80％ （60mm/h）、2.68％ (100mm/h)。由此可以看出，R1、R2 和 R3 三个根系密度处理中，R3 处理土壤入渗率增大最为明显，R2 次之。

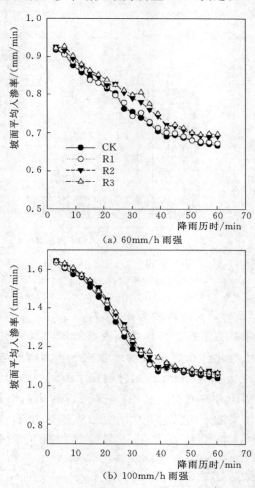

(a) 60mm/h 雨强

(b) 100mm/h 雨强

图 5-2　60mm/h 和 100mm/h 雨强下不同根系
密度处理坡面平均入渗率随降雨历时变化

研究中，室内降雨试验完毕后对各根系密度处理土槽中的根系进行收集并测定，表 5-1 显示了 R1、R2 和 R3 三个根系密度处理的地上和地下特征参数的基本信息。从表 5-1 可以看出，R1、R2 和 R3 三个根系密度处理中，R3 根系含量最大，R2 次之，R1 最小，R2 和 R3 处理根系含量与 R1 相比均具有显著性差异（$P<0.05$）。具体来说，与 R1 相比，R3 和 R2 处理根重密度分别增大 1.18 倍和 2.91 倍，根长密度分别增大 2.20 倍和 2.17 倍，根表面积密度分别增大 0.34 倍和 0.47 倍。综上所述，根系含量越大，根系增大土壤入渗性能的有效性越高。此外，试验结果统计分析表明，60mm/h 和 100mm/h 两个雨强下根系处理坡面土壤入渗率较裸土增大的幅度存在一定差异，但不明显。具体来说，60mm/h 雨强下根系处理坡面土壤入渗率较裸土平均增大 2.43%，100mm/h 雨强下平均增大 1.92%。

表 5-1　　不同根系密度处理地上和地下部分特征参数

项目	特征参数	根系密度处理		
		R1	R2	R3
地上部分	株高/m	2.11±0.04 a	1.91±0.02 b	1.89±0.03 b
	直径/cm	1.05±0.05 a	0.98±0.03 ab	0.93±0.06 b
	生物量/g	205.37±5.89 b	346.3±4.59 a	407.0±4.31a
地下部分	根重密度/(g/m³)	9.98±1.32 b	28.05±2.94 a	39.07±2.28 a
	根长密度/(m/m³)	12.29±1.62 b	33.12±3.47 a	39.34±1.69 a
	根表面积密度/(cm²/m³)	139.19±43.97 b	186.06±94.38 a	204.31±46.27 a

5.2.1.3　根系对坡面水动力学特征的影响

坡面水动力学特征的变化会直接影响土壤的侵蚀过程，在一定程度上可以反映土壤侵蚀强度的大小。研究采用室内人工模拟降雨方法，通过对不同根系密度处理下坡面水动力学参数的分析发现，在 60mm/h 和 100mm/h 两个雨强下，与裸土相比，根系作用坡面流速、雷诺数、单位水流功率有不同程度减小，水深、水流切应力以及阻力系数有不同程度增大（表 5-2）。结果说明，根系具有改善坡面水动力学性质的作用。60mm/h 和 100mm/h 两个雨强下，根系对坡面水动力学性质的改善作用具有一定差异。具体来说，与裸土相比，根系作用坡面流速平均减小 10.54%（60mm/h）、7.36%（100mm/h），雷诺数平均减小 6.99%（60mm/h）、4.79%（100mm/h），单位水流功率平均减小 10.88%（60mm/h）、7.58%（100mm/h），水深平均增大 2.00%（60mm/h）、3.23%（100mm/h），水流切应力平均增大 1.31%（60mm/h）、2.74%（100mm/h），阻力系数平均增大 28.89%（60mm/h）、33.33%（100mm/h）。由此可以看出，与 100mm/h 雨强相比，60mm/h 雨强下根系减弱坡面水动力强度的作用更明显。结果说明，一定雨强范围内，根系改善坡面水动力性质的作用随雨强增大而减弱。

表 5-2　　　　**60mm/h 和 100mm/h 雨强下不同根系密度**
处理坡面水动力学参数特征

降雨强度	处理	坡面流水动力学参数					
		流速 /(cm/s)	雷诺数 Re	单位水流功率 /(cm/s)	水深 /mm	阻力系数	水流切应力 /(N/m²)
60mm/h	CK	3.67	39.26	0.95	1.00	0.15	2.55
	R1	3.49	38.54	0.90	1.04	0.17	2.63
	R2	3.34	37.49	0.86	0.98	0.18	2.48
	R3	3.02	33.52	0.78	1.04	0.23	2.64
100mm/h	CK	6.79	90.06	1.76	1.24	0.05	3.16
	R1	6.61	87.76	1.71	1.25	0.05	3.16
	R2	6.24	85.43	1.61	1.28	0.07	3.26
	R3	6.02	84.06	1.56	1.31	0.07	3.32

从表 5-2 还可以看出，同一雨强下，根系含量越大，坡面流速、雷诺数和单位水流功率越小，水深、水流切应力和阻力系数越大。这说明，根系含量越大，根系削减坡面水动力强度的作用越大。

5.2.1.4 根系对坡面产流的影响

图 5-3 反映了 60mm/h 和 100mm/h 两个雨强下不同根系密度处理坡面径流率随降雨历时的变化过程。由图 5-3 可知，根系作用坡面与裸土的径流率随降雨历时变化的总趋势基本相

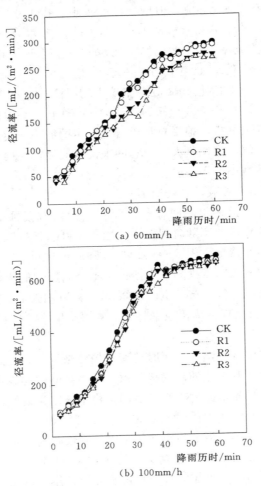

(a) 60mm/h

(b) 100mm/h

图 5-3 60mm/h 和 100mm/h 雨强下不同根系
密度处理坡面径流率随降雨历时变化

同，均表现为随降雨历时的延长呈增大而后趋于稳定。但从图 5-3 可以看出，60mm/h 和 100mm/h 两个雨强下，随降雨历时延长，根系作用坡面土壤径流率整体上较裸土低，这说明根系对坡面径流具有一定的拦蓄作用。随根系含量增大，根系对坡面径流的拦蓄作用呈增大趋势，但增大幅度较小，在 100mm/h 雨强下更为明显，具体来说，与裸土相比，60mm/h 雨强下，R1 处理土壤平均径流率减小 2.56%，R2 处理土壤平均径流率减小 11.39%，R3 处理土壤平均径流率减小 14.62%；而 100mm/h 雨强下，与裸土相比，R1 处理土壤平均径流率减小 1.84%，R2 处理土壤平均径流率减小 5.14%，R3 处理土壤平均径流率减小 6.67%。综上分析，根系对径流具有一定的减小作用，并随根系含量增大，减小作用增大，但总的来说不明显，且雨强增大，根系对径流的减小作用减弱。

5.2.1.5　根系对坡面产沙的影响

侵蚀率是指单位时间、单位面积坡面内被侵蚀输移物质的量，通过分析侵蚀率随时间的变化趋势，可以直观地反映侵蚀土壤沿程输送的特征。图 5-4 反映了 60mm/h 和 100mm/h 两种雨强下不同根系密度处理坡面侵蚀率随降雨历时的变化过程。从图 5-4 可以看出，60mm/h 和 100mm/h 两种雨强下，随降雨历时的持续，含根处理土壤侵蚀率整体上较裸土偏小，在 100mm/h 雨强下更为明显。

从土壤侵蚀率随降雨历时的变化趋势来说，含根处理坡面侵蚀率随降雨历时变化的总趋势与裸土基本相同，均表现为随降雨历时的延长呈先增大后减小最后趋于稳定。结果说明，根系对沙质土坡面产沙随降雨历时的变化趋势没有显著影响，一般来说，对水蚀单因子作用下，当雨强较小时，降雨初期，由于雨滴溅蚀作用强烈，从而使侵蚀率增大，随着降雨的持续，水深逐渐增大，减小了雨滴对土粒的直接打击和分散作用，从而使侵蚀率减小，当降雨入渗达到稳定入渗阶段后，坡面侵蚀形态主要以面蚀为主，较难出现沟蚀，因此其产沙量在降雨后期一般趋于稳定。

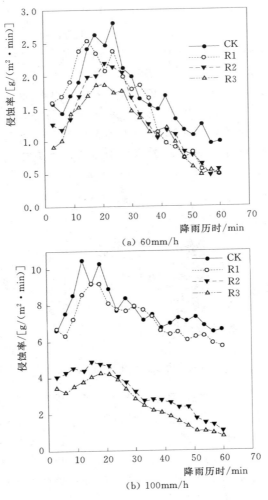

图 5 - 4　60mm/h 和 100mm/h 雨强下不同根系
密度处理坡面侵蚀率随降雨历时变化

　　试验结果统计表明，60mm/h 和 100mm/h 两种雨强下，不同根系密度处理土壤平均侵蚀率较裸土均有不同程度减小［图 5 - 5（a）］。根系减沙效益表示含根土壤产沙率相对于裸土减少的比例，是定量评价根系减小土壤水蚀作用大小的最佳指标（Zhao et al.，2017）。由图 5－5（b）可知，同一雨强下，根系减沙效益随根系密度增大而增大，两种雨强下，根系减沙效益最高可达 66.52%，最低为 11.39%，平均为 35.62%。从图 5－5（b）还可以看出，60mm/h 和 100mm/h 两种雨强下，根系减沙效益不同。60mm/h 雨强下，根系减沙效益平均为 21.27%，100mm/h 雨强下，根系减沙效益平均为 49.97%，结果说明，在一定雨强范围内，根系减沙效随雨强增大而增大。

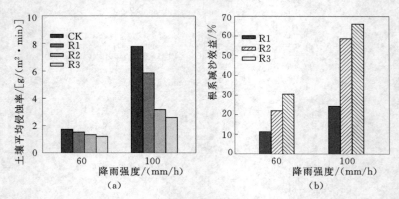

图 5－5　不同雨强下和根系密度处理下土壤平均侵蚀率和根系减沙效益

研究中，在不考虑雨强这一水蚀因子条件下，在室内模拟土壤水蚀速率和根系特征参数的关系方程。图 5－6 反映了 60mm/h 和 100mm/h 两种雨强下，土壤侵蚀率与根重密度、根长密度以及根表面积密度等根系特征参数的关系。由图 5－6 可知，两种雨强下土壤侵蚀率与根重密度、根长密度和根表面积密度等根系特征参数呈线性递减趋势。通过对土壤侵蚀率与三种根系参数的拟合分析发现，同一雨强下，土壤侵蚀率与根重密度的拟合效果最好（$R^2 = 0.98$）。

5.2.1.6　根系对土壤可蚀性和临界切应力的影响

表征土壤可蚀性的参数种类多样，如土壤分离速率（张光辉，2002；Zhang et al.，2009）和土壤抗冲系数（Zhang et al.，

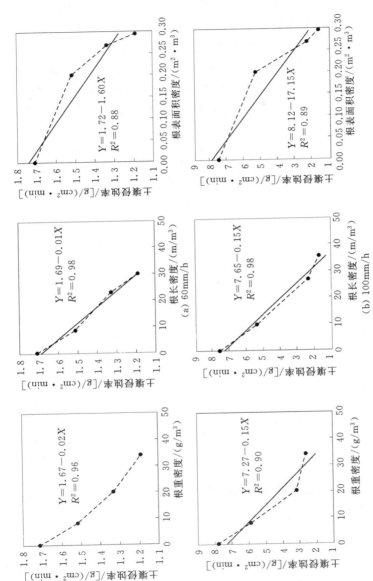

图 5-6　60mm/h 和 100mm/h 雨强下土壤侵蚀率与根系参数的关系

2017a）。相关研究表明引起土壤颗粒分离的临界径流切应力可很好地体现不同下垫面条件下土壤抵抗径流分散和搬运的能力强弱。当径流切应力大于土壤的临界切应力时，坡面侵蚀产沙就会发生。根据前人提出的薄层水流坡面产沙以及土壤可蚀性参数和临界切应力的计算模型（Gilley et al.，1993；雷俊山 等，2004；Foltz et al.，2008），该研究建立了不同根系密度处理下坡面侵蚀率和水流切应力的关系。结果发现，含根土壤的临界切应力均较裸土高（表 5-3），与裸土相比，含根土壤的临界切应力平均增大 4.19 倍，且根系密度越大，土壤临界切应力越大。从表 5-3 还可以看出，含根土壤坡面水流产沙模型的土壤可蚀性参数均较裸土小，与裸土相比，土壤可蚀性参数平均减小 50.83%，这表明当坡面水流切应力超过土壤颗粒分离的临界切应力，土壤开始发生侵蚀时，有效水流切应力每增加一个单位，含根土壤所引起的坡面输沙量小于裸土。结果说明，沙柳根系可以增大土壤临界切应力，减小土壤可蚀性。

表 5-3　　　　不同根系密度处理下侵蚀率和水流切应力的拟合方程

处理	回归方程	临界切应力	土壤可蚀性参数
CK	$E_r = 4.91\tau - 1.30$ $(R^2 = 0.75)$	0.26	4.91
R1	$E_r = 4.45\tau - 1.26$ $(R^2 = 0.77)$	0.28	4.45
R2	$E_r = 1.14\tau - 1.71$ $(R^2 = 0.68)$	1.50	1.65
R3	$E_r = 1.65\tau - 3.75$ $(R^2 = 0.73)$	2.27	1.14

注　E_r 为土壤侵蚀率，g/(m² · min)；τ 为水流切应力，Pa。

5.2.2　自然状态下根系对土壤水蚀的调控效应

5.2.2.1　径流量

图 5-7 反映了 2017 年 5 月 1—28 日［图 5-7（a）］、7 月 2—29 日［图 5-7（b）］、8 月 2—30 日［图 5-7（c）］和 9 月 2—29 日［图 5-7（d）］期间，5°和 15°试验小区裸地（对照）、普通沙柳密度和加倍沙柳密度三种处理坡面的累积径流量

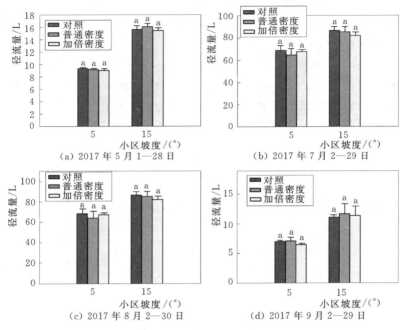

图 5-7　各处理坡面累积径流量

注：图中不同小写字母表示同一坡度下不同处理间差异显著（$P<0.05$）

大小。由图 5-7 可知，2017 年 4 个月中，5°和 15°试验小区中，与裸地相比，普通密度和加倍密度处理坡面月累积径流量虽有一定程度变化，但三种处理坡面累积径流量无显著性差异（$P<0.05$）。通过对 2017 年 5 月、7 月、8 月和 9 月坡面累积径流量进行统计分析，结果发现，裸地月平均累积径流量为 82.81L，普通密度处理月平均累积径流量为 81.96L，加倍密度处理月平均累积径流量为 83.91L。具体来说，2017 年 5 月 1—28 日期间，裸地、普通密度处理和加倍密度处理坡面累积径流量分别为 25L、25.3L 和 29.2L，2017 年 7 月 2—29 日期间，裸地、普通密度处理和加倍密度处理坡面累积径流量分别为 132.9L、133.9L 和 139L，2017 年 8 月 2—30 日期间，裸地、普通密度处

理和加倍密度处理坡面累积径流量分别为 155.2L、149.8L 和 149.6L，2017 年 9 月 2—29 日期间，裸地、普通密度处理和加倍密度处理坡面累积径流量分别为 18.15L、18.85L 和 17.85L。从图 5-7 还可以看出，5°和 15°试验小区坡面径流量具有一定差异。总的来说，5°试验小区月平均累积径流量为 35.33L，15°试验小区月平均累积径流量为 47.19L，与前者相比，15°试验小区月平均累积径流量增大 33.57%。

同一坡度和沙柳密度处理下坡面累积径流量在不同月份间差异明显，这主要是由于不同月份间降雨量不同。图 5-8 为 2017 年试验小区降雨量及其分布。由图 5-8 可知，试验小区 2017 年降雨量主要分布在 4—9 月，其中，该研究水蚀观测期 5 月、7 月、8 月和 9 月降雨量分别为 63mm、119mm、152mm 和 38mm，占年降雨总量的 78.36%。

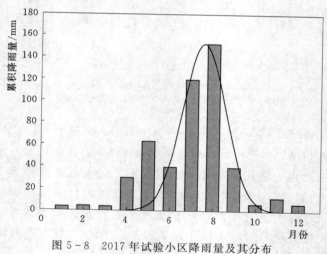

图 5-8　2017 年试验小区降雨量及其分布

5.2.2.2　产沙量和根系减沙效益

图 5-9 显示了 2017 年 5 月 1—28 日 [图 5-9 (a)]、7 月 2—29 日 [图 5-9 (b)]、8 月 2—30 日 [图 5-9 (c)] 和 9 月 2—29 日 [图 5-9 (d)] 期间，5°和 15°试验小区裸地（对

照）、普通密度和加倍密度三种处理坡面累积产沙量的大小。由图 5-9 可知，2017 年 5 月 1—28 日（月累积降雨量约为 63 mm）和 2017 年 9 月 2—29 日（月累积降雨量约为 38.8mm）期间，含根系处理坡面累积产沙量与裸地相比有显著性差异。进一步来说，2017 年 5 月 1—28 日期间，只有 15°试验小区中含根处理坡面累积产沙量与裸地相比有显著性差异，而 2017 年 9 月 2—29 日期间，5°和 15°试验小区中含根系处理坡面累积产沙量与裸地相比均有显著性差异。

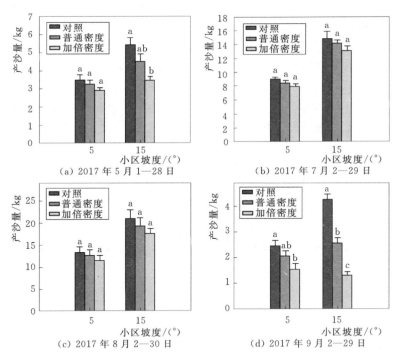

图 5-9　各处理坡面累积产沙量

注　图中不同小写字母表示同一坡度下不同处理间差异显著（$P<0.05$）。

从图 5-9 中可以看出，2017 年 4 个月中，5°和 15°试验小区中，与裸地相比，普通密度和加倍密度处理坡面累积产沙量均有不同程度减小，且三种处理坡面中加倍密度处理坡面累积产沙量最小。通过对 2017 年 5 月、7 月、8 月和 9 月四个月坡面累积产沙量进行统计分析发现，裸地月平均累积产沙量为 9.23kg，普通密度处理坡面月平均累积产沙量为 8.38kg，加倍密度处理坡面月平均累积产沙量为 7.42kg，与裸地相比，普通密度处理和加倍密度处理坡面月平均累积产沙量可分别减小 9.21％和 19.61％。总的来说，根系处理坡面月平均累积产沙量较裸地可减小 14.41％。具体来说，2017 年 5 月 1—28 日（累积降雨量约为 63mm）期间，与裸地相比，普通密度处理和加倍密度处理坡面累积产沙量分别减小 11.90％和 26.63％，平均减小 19.27％；2017 年 7 月 2—29 日（累积降雨量约为 119mm）期间，与裸地相比，普通密度处理和加倍密度处理坡面累积产沙量分别减小 5.24％和 11.56％，平均减小 8.40％；2017 年 8 月 2—30 日（累积降雨量约为 152mm）期间，与裸地相比，普通密度处理和加倍密度处理坡面累积产沙量分别减小 6.40％和 14.99％，平均减小 10.69％；2017 年 9 月 2—29 日（累积降雨量约为 38.8mm）期间，与裸地相比，普通密度处理和加倍密度处理坡面累积产沙量分别减小 28.16％和 53.07％，平均减小 40.62％。从图 5-9 还可以看出 5°和 15°试验小区坡面产沙量具有一定差异。总的来说，5°试验小区月平均累积产沙量为 6.57kg，15°试验小区月平均累积产沙量为 10.13kg，与前者相比，15°试验小区月平均累积产沙量增大 54.40％

　　图 5-10 显示了 2017 年 5 月 1—28 日［图 5-10（a）］、7 月 2—29 日［图 5-10（b）］、8 月 2—30 日［图 5-10（c）］和 9 月 2—29 日［图 5-10（d）］期间，5°和 15°试验小区普通密度和加倍密度两种处理坡面根系减沙效益。结果表明在野外水蚀观测内，沙柳根系减沙效益最低为 4.38％，最高可达 69.41％，平均为 19.75％。

　　根系减沙效益与根系含量大小关系密切，根系含量越大，其对土体的网络串连、根土黏结及生物化学作用越强，其提高土壤

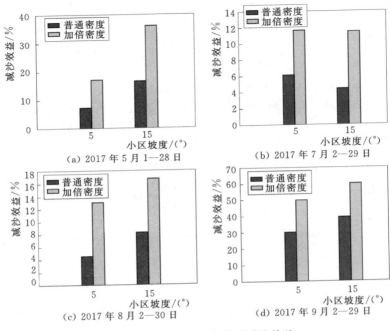

图 5-10 各处理坡面根系减沙效益

抗冲性能的有效性越好，其减沙效益越高。从图 5-10 中可以看出，2017 年 4 个月中，5°和 15°试验小区中，与普通密度处理坡面相比，加倍密度处理坡面根系减沙效益均有不同程度增大。具体来说，5°试验小区中，加倍密度处理坡面根系减沙效益较普通密度处理坡面增大 0.91～1.92 倍，平均增大 1.37 倍。15°试验小区中，加倍密度处理坡面根系减沙效益较普通密度处理坡面增大 0.74～1.17 倍，平均增大 1.14 倍。表 5-4 显示了各水蚀观测期内普通密度处理和加倍密度处理下根重密度、根长密度及根表面积密度等根系参数特征的变化。由表 5-4 可知，2017 年各水蚀观测期内，与普通密度处理相比，加倍密度处理下根系含量（根重密度、根长密度以及根表面积密度）有不同程度增大。具体来说，与普通密度处理相比，加倍密度处理下根重密度增大

26.67%～55.56%，平均增大 39.72%；根长密度增大 19.37%～
39.37%，平均增大 29.59%；根表面积密度增大 10.94%～
31.82%，平均增大 19.04%。综上所述，在一定根系含量范围
内，根系含量增大，根系减沙效益增大。此外，从图 5-10 中还
可以看出，15°试验小区根系减沙效益整体上较 5°试验小区高。
具体来说，15°试验小区根系减沙效益变化范围为 4.38%～
69.41%，平均为 25.39%；而 5°试验小区根系减沙效益变化范
围为 4.49%～36.73%，平均为 14.09%。结果说明在一定坡度
范围内，坡度增大，根系减沙效益增大。

表 5-4　普通密度和加倍密度处理根系参数测定结果

根参数	2017 年 5 月 28 日		2017 年 7 月 29 日		2017 年 8 月 30 日		2017 年 9 月 29 日	
	普通密度	加倍密度	普通密度	加倍密度	普通密度	加倍密度	普通密度	加倍密度
根重密度 /(kg/m³)	0.15± 0.05	0.19± 0.05	0.15± 0.05	0.19± 0.06	0.16± 0.05	0.24± 0.05	0.17± 0.03	0.27± 0.05
根长密度 /(m/m³)	179.63± 65.66	214.43± 61.69	179.12± 61.83	222.14± 73.96	187.62± 65.66	254.43± 61.69	210.67± 40.65	293.61± 69.53
根比表面积 密度 /(m²/m³)	0.44± 0.18	0.58± 0.19	0.50± 0.17	0.58± 0.21	0.64± 0.18	0.71± 0.17	0.69± 0.11	0.81± 0.19

5.3　小结

　　本章一方面通过布设沙柳根系水蚀土槽，采用室内人工模拟
降雨的方法，研究了不同雨强（60mm/h 和 100mm/h）和根系
处理（CK 裸土、R1、R2 和 R3）下坡面产流时间、入渗速率、
坡面水动力学特征、径流率和产沙率等土壤水蚀特征，并建立了
土壤水蚀速率与沙柳根系关系方程；另一方面通过对野外沙柳根
系水蚀试验小区进行定位观测，研究了不同坡度（5°和 15°）和
不同根系处理（裸地对照、普通密度和加倍密度）下土壤水蚀量
特征，通过野外水蚀观测验证室内模拟降雨试验结果，探讨了沙

柳根系减沙效益及其影响因素。主要结论如下：

（1）室内模拟降雨试验表明，沙柳根系延长了坡面产流时间，增大了土壤入渗速率，减小了坡面流速、雷诺数、单位水流功率，增大了水深、水流切应力和阻力系数，但对坡面径流无明显影响；沙柳根系增大了土壤临界切应力，减小了土壤可蚀性，与裸土相比，沙柳根系作用坡面土壤临界切应力平均增大 4.19 倍，土壤可蚀性参数平均降低 50.83%；沙柳根系减沙作用显著，R1、R2 和 R3 三种根系密度处理下，根系减沙效益最高可达 66.52%，最低为 11.39%，平均为 35.62%；线性方程可较好地表达土壤水蚀速率与根系特征参数（根重密度、根长密度和根表面积密度）的关系。

（2）野外各水蚀观测期内，同一坡度下裸地对照、普通密度和加倍密度处理坡面月累积径流量无显著性差异（$P < 0.05$），但与裸地对照相比，普通密度和加倍密度根系处理坡面月累积产沙量均有不同程度减小，在整个水蚀观测期内，沙柳根系减沙效益最低为 4.38%，最高可达 69.41%，平均为 19.75%，野外水蚀观测印证了室内模拟降雨结果。

（3）室内模拟降雨和野外水蚀观测表明，与 60mm/h 雨强和 5°坡度相比，100mm/h 雨强和 15°坡度下根系减沙效益较高。

第6章 水蚀风蚀交错区沙柳根系对土壤风蚀的调控效应

　　植被抗风蚀的研究大多集中在植被地上部分产生的影响，大量实验结果表明植被地上部分主要通过覆盖地表使被覆盖部分免受风力吹蚀、分散一部分风动量从而减弱到达地表的风动量以及拦截运动沙粒促其沉积这三种方式抑制土壤风蚀（董志宝 等，2000；赵永来 等，2010；吕萍 等，2011）。然而，据李超（2016）研究发现，在干旱半干旱地区，土壤由于风蚀，植物地下根系会露出地表，而根系作为与土壤直接接触且最紧密的部分，其不仅能有效提高表土层结构的稳定性和抗剪强度，还能减弱风沙流对地表物质的直接侵蚀。有关植物根系对土壤风蚀的影响研究取得了一定进展。曹晓仪（2013）以掺入狗尾草根系（死根）的黄土和不含根系的黄土为材料，采用风洞模拟试验研究了根系的抗风蚀效益，结果发现狗尾草根系含量越多，其抗风蚀效益越好，含根试验样品的抗风蚀效益平均可达 24.73%。李超（2016）以棕榈树纤维、松针和高粱秸秆等植物有机体作为模拟根系，将模拟根系和土壤（黄土和风沙土）混合并压制成型（2cm×2cm×2cm），并通过风洞模拟试验，研究了三种模拟根系的抗风蚀效益，研究结果表明根系含量越多，土壤风蚀速率越小，且在任何大于临界风速条件下，土壤风蚀速率与根系含量存在明显的线性关系。土壤风蚀主要影响土壤表面薄层部分，风蚀量较小，且风蚀过程观测难度较大。核素示踪技术是通过分析放射性核素含量的差异定量研究土壤侵蚀的时空变化规律和分布特征（杨明义 等，2001；张加琼 等，2018）。核素[7]Be与土壤颗粒黏结紧密、分布较浅（表土层 0～20 mm），且其沉降量雨季大而冬春季节少，为示踪短期内的土壤风蚀提供了便利的方法。综述前人相关研究可以发现，目前针对植物活体根系对土壤风蚀的影响研究需要进一步加强。

鉴于此，本章以水蚀风蚀交错区防风固沙灌木沙柳为研究对象，通过室内布设沙柳根系风蚀土槽和野外布设沙柳根系风蚀试验小区，采用风洞模拟和野外风蚀定位观测方法，研究沙柳根系作用坡面土壤风蚀特征，以期进一步揭示根系对土壤风蚀的调控效应，丰富根系抗侵蚀机理和风蚀因子研究内容。

6.1 实验材料和研究方法

6.1.1 根系抗风蚀的室内模拟

试验土槽布设见 5.1.1.1 节。

该部分试验在中国科学院水利部水土保持研究所风洞实验室进行。

风洞为直流吹气式风洞（长 24m、宽 1m、高 1.2m），主要由驱动系统（风机段、调风段、整流段）和测量控制系统（试验段、集沙段、导流段）组成。在驱动系统中，通过调节配套变频器（0～50Hz）频率可控制风机段风速在 0～15m/s 范围内连续可调，整流段可降低气流湍流度从而保证气流均匀度，经测试该洞体气流均匀度良好，截面任一点气流速度与气流平均速度的相对误差小于 0.25。在测量控制系统中，试验段长 1.28m，集沙段末端配置的集沙槽可沉积大部分风蚀物（Wang et al.，2014）。同时该实验采用多路集沙仪收集地表不同高度风蚀物，集沙仪置于试验段后部（土槽出风口）中心处，下端埋入地下固定，使集沙口始终正对主风向。该集沙仪为铁皮制，共开有 15 个长方形集沙盒（长 15cm、宽 3cm、高 1cm）接纳口，上下口之间按 3cm 等间距排列，开口与地面夹角为 45°，这样可以最大限度地收集挟沙气流中的风蚀物。

试验设计和过程：依据我国土壤风蚀强度分级和单次风蚀模

数以及风蚀厚度，试验选择 2 个风速（11m/s 和 14m/s），分别代表轻度风蚀和中度风蚀（脱登峰 等，2014）。考虑到试验设置了 4 个处理（空白对照、低密度、中密度和高密度），并结合试验的成本和可操作性，该研究每个风速和处理下进行 1 次重复试验，共计 8 次风洞试验。

　　试验前在整流段后端距离试验段 0.2 m 处，距离洞体底部高度分别是 0.3m、0.6m 及 0.9m 的三个固定点采用 AZ‑8902智能风速仪进行风速率定，记录设计风速（±0.2m/s）相对应的风机频率值。试验时将土槽内沙柳地上部分剪除，称其生物量，并刷去枯落物，而后将土槽推入风洞试验段的风道中并调整土槽高度使其表面与风道底部齐平，这一过程中尽量保证土槽表面的完整性以减少试验误差（李元元 等，2017）。为防止样品在达到预定风速之前受到吹蚀，每组试验前将一塑料布固定在土槽表面上部，待达到预定风速后再掀开。同时，在集沙槽末端设置拦挡装置，收集相对全沙量，为了增大集沙槽收集的风蚀物，在集沙槽中注入少许的水。风洞试验段密封后调整变频器频率至试验风速所对应的频率开始风蚀试验，试验吹蚀持续时间为20min。风洞试验结束后收集集沙仪和集沙槽风蚀物，集沙槽风蚀物采用虹吸法，而后置于烘箱内烘干至恒重（105°），之后用精度为 0.01g 电子天平称量。同时将试验土槽移出风洞，采集表层 1cm 土壤并采用激光粒度仪测定（Mastersizer 2000，马尔文公司，英国）各处理坡面风蚀后土壤颗粒组成。

　　土壤风蚀速率用于描述风沙输移的强弱程度。该研究中，风蚀速率是利用多路集沙仪直接测量单位面积单位时间获得的，其计算公式（李超，2016）为

$$Q = \frac{W}{ST} \qquad\qquad (6-1)$$

式中：Q 为单位宽度输沙通量，$g/(cm^2 \cdot min)$；W 为集沙量，g；S 为集沙盒面积，cm^2；T 为吹蚀时间，min。

6.1.2　根系抗风蚀的野外观测

　　野外试验小区布设见 5.1.2.1 节。

6.1.2.1 观测方法

2016 年 10 月中旬（风季前），在各风蚀观测坡面进行土壤样品采集。沿坡向纵断面进行采样，在各风蚀观测坡面平行并等间距（间距为 30cm）布设 2 条样线，每条样线上采集 3 个土壤样品（样品间距为 3m），共计样品 144 个。土壤样品采用内径为 5cm 的环形采样器采集表层 0～3cm。测定样品颗粒组成、颗粒比表面积和有机质含量。同时，在试验小区附近没有明显侵蚀沉积的背风平坦地上翻耕（表层 20cm）并平整 3 小块地（1m×1m）作为 ^{7}Be 背景值采样区，3 小块地间距不超过 5m，为避免发生风蚀和人为干扰，各地块四周用石棉瓦围住。

2017 年 5 月待风季基本结束后，在各风蚀观测坡面再次进行土壤样品采集。采集方法、样品数及测定指标同风季前一致。同时，在每个背景值小区采集 ^{7}Be 背景值样品，背景值样品包括全样和分层样。全样和分层样的采集方法参照刘章（2016）进行。全样在各背景值小区中间采用内径为 12cm 的环形采样器采集，采样深度为 0～3cm，共采集 3 个。在各背景值小区其余未扰动区域选择 10cm×10cm 的小样方采集层样，层样在土壤表层 0～3cm 使用不锈钢钢刷以 0.5cm 的间距分 6 层采集，各小样方上每层与其他小样方相对应的层混合作为某层的样，层样共采集 3 份。在层样采集过程中可能无法达到这样的精确度，采样深度可按质量深度计算。所有样品带回实验室测定 ^{7}Be 含量。

6.1.2.2 样品测试分析

采集的所有土壤样品进行风干、研磨、去除杂草和砾石，然后过 1mm 筛。

土壤理化性质测定：土壤颗粒组成和颗粒比表面积采用激光粒度仪测定（Mastersizer 2000，马尔文公司，英国），有机质含量采用重铬酸钾氧化—外加热法测定。

土壤 ^{7}Be 含量的测定：样品 ^{7}Be 含量的测定在中国科学院水利部水土保持研究所土壤侵蚀与旱地农业国家重点实验室核素分析实验室进行。将过筛后的样品采集 200g 装入相同规格的干净塑料盒中并采用多道低本底伽马能谱仪（ORTEC 公司，美国）在 477.6KeV 处测定[7]Be 活度（刘章 等 2016）。

6.1.2.3 土壤风蚀强度和根系抗风蚀效益的计算

土壤风蚀强度的计算采用孙喜军等（2012）和 Yang et al.（2013）基于 Walling et al.（1999）的[7]Be 土壤水蚀速率模型提出的考虑了颗粒分选作用的[7]Be 土壤风蚀速率模型，该模型在陕西省神木县六道沟流域进行了野外验证，结果可以较为准确地估算土壤风蚀速率，其表达式如下：

$$R_{Be,p} = ph_0 \ln\left(\frac{A_{ref}}{A_{Be}}\right) \qquad (6-2)$$

$$p = \left(\frac{S_e}{S_0}\right)^v \qquad (6-3)$$

式中：$R_{Be,p}$ 为土壤风蚀速率，kg/m^2；p 为颗粒矫正系数；S_e 为风蚀后表层土壤颗粒比表面积，m^2/g；S_0 为风蚀前表层土壤颗粒比表面积，m^2/g；v 为常数（0.75）；h_0 为张弛质量深度，kg/m^2，是根据[7]Be 背景值层样中[7]Be 累积面积活度的自然对数与累积土壤质量深度的拟合模型计算；A_{ref} 为[7]Be 背景值；A_{Be} 为采样点[7]Be 的总活度。

为了表达根系对土壤风蚀的减弱作用，曹晓仪（2013）提出了根系抗风蚀效益（Anti‐wind erosion effectiveness），其计算公式如下：

$$AE_{wind} = \frac{S_{ck} - S_r}{S_{ck}} \times 100\% \qquad (6-4)$$

式中：AE_{wind} 为根系抗风蚀效益，%；S_{ck} 为裸土风蚀强度；S_r 为含根土壤风蚀强度。

6.2 结果与分析

6.2.1 室内模拟下根系对土壤风蚀的调控效应

6.2.1.1 根系对风蚀后表层土壤颗粒组成的影响

通过室内风洞试验，对两种风速（11m/s 和 14m/s）下风蚀后不同根系密度处理（CK：裸土；R1：低密度；R2：中密度；R3：高密度）表层（0～1cm）土壤颗粒组成变化的分析发现，含根处理土壤（R1、R2和R3）表层土壤细颗粒（黏粒和粉粒）含量整体来说较裸土高，结果说明根系对表层土壤细颗粒具有一定的固持作用，且这种固持作用随根系密度的增大呈增强趋势，试验中R3处理风蚀后表层土壤细颗粒含量最高（11m/s：黏粒11.62%，粉粒18.70%；14m/s：黏粒11.56%，粉粒17.33%）（表6-1）。进一步分析可知，根系对表层土壤细颗粒的固持作用在不同风速下具有一定的差异性。以R3为例，与CK比，11m/s风速下，黏粒和粉粒分别增大2.8%和11.7%，而14m/s风速下，黏粒和粉粒分别增大8.9%和13.7%。结果说明，在一定风速范围内，风速增大，根系对表层土壤黏粒和粉粒的固持作用增大。

表6-1 11m/s和14m/s风速下风蚀后不同根系密度
处理土壤表层（0～1cm）颗粒组成

风速 /(m/s)	处理	土壤颗粒组成/%		
		黏粒 （$<2\mu m$）	粉粒 （$2\sim50\mu m$）	砂粒 （$50\mu m\sim2mm$）
11	CK	11.33	16.74	71.93
	R1	11.28	17.02	71.70
	R2	11.49	17.45	71.06
	R3	11.62	18.70	69.65
14	CK	10.61	15.59	73.80
	R1	10.32	14.37	75.13
	R2	10.89	17.01	72.10
	R3	11.56	17.73	70.10

6.2.1.2 根系对输沙通量廓线特征的影响

气流吹蚀土壤表层过程中，由于土壤颗粒粒径和运动方式的差异，使得风沙流在距地面不同高度处的含沙量存在差异。输沙通量廓线反映了风沙流中风蚀物随地表高度的分布特征。通过对采用多路集沙仪测定的不同根系密度处理的输沙通量廓线分析发现，11m/s 和 14m/s 风速下，含根土壤和裸土输沙通量廓线一致，均表现为随距地面高度增大，输沙通量呈减小趋势（图 6-1），结果说明根系对输沙通量廓线没有影响。但进一步分析可知，两种风速下含根土壤在地面不同高度处输沙通量整体上较裸土偏小，具体来说，与裸土相比，含根土壤在地面不同高度处输沙通量平均减小 21.58%（11m/s）和 39.38%（14m/s）。从图 6-1 中还可以看出同一风速下不同根系密度处理最大输沙通量的分布高度一致。具体来说，11m/s 风速下，不同根系密度处理最大输沙通量均出现在距地面高度 0～3cm 处，14m/s 风速下，不同根系密度处理最大输沙通量均出现在距地面高度 3～6cm 处，结果说明根系对最大输沙通量的分布高度没有影响。但 14m/s 风速下最大输沙通量的分布高度较 11m/s 风速高，这说明风速是最大输沙通量分布高度的主导因素。试验对输沙通量和地表高度进行统计分析发现，输沙通量随地表高度的增加呈指数函数减小。

　　不同地表高度处输沙通量占总输沙通量的比例大小可以反映出次风蚀事件下土壤风蚀量的主要分布高度。表 6-2 反映了11m/s 和 14m/s 风速下不同根系密度处理在不同地面高度的输沙通量占比（%）。从表 6-2 可以看出，试验土壤输沙主要分布在地面高度 0～12cm 范围内，距地面高度 0～12cm 范围内，裸土输沙通量占总输沙通量的 79.2%（11m/s）和 76.7%（14m/s），含根土壤输沙通量占总输沙通量的 82.7%～85.4%（11m/s）和78.7%～83.5%（14m/s）。可以看出，含根土壤输沙高度较裸土有一定程度的降低，但不明显。研究发现风速对输沙通量占比的分布影响较为明显，在地面高度 0～6cm 范围内，11m/s 风速下各根系密度处理输沙通量占比均较 14m/s 风速下高，而在地面高度 6～12cm 范围内，11m/s 风速下各根系密度处理输沙通量占比均较 14m/s 风速下低。这主要是由于风速较大时，一方

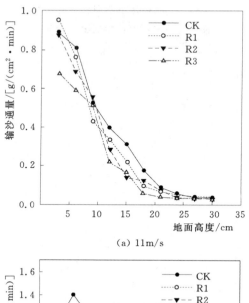

（a）11m/s

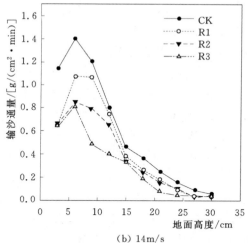

（b）14m/s

图 6-1　11m/s 和 14m/s 风速下不同根系密度
处理输沙通量廓线

面沙粒势能较大，分散在较高的空间，另一方面高势能的跃移颗
粒在落地后转化为弹力势能，沙粒弹跳高度较大，因此风速增大
了沙粒在高层空间的分布。

表 6 - 2　　　　11m/s 和 14m/s 风速下不同根系密度处理
输沙通量在不同地面高度的分布

风速 /(m/s)	处理	地面高度/cm									
		0~3	3~6	6~9	9~12	12~15	15~18	18~21	21~24	24~27	27~30
		分布/%									
11	CK	26.9	24.5	15.8	12.0	9.4	5.3	2.5	1.6	1.0	1.0
	R1	31.9	25.4	14.4	11.2	7.4	3.2	2.3	1.6	1.4	1.2
	R2	30.9	24.3	19.6	10.2	4.9	4.4	2.4	1.2	1.1	1.0
	R3	29.2	25.3	21.8	9.1	6.9	2.4	1.5	1.4	1.3	1.1
14	CK	19.4	23.7	20.2	13.4	7.8	6.2	4.2	2.6	1.5	1.0
	R1	14.5	23.4	24.1	16.4	8.5	5.7	3.9	2.0	0.8	0.7
	R2	19.2	22.0	21.0	17.0	7.7	5.3	4.0	2.6	0.9	0.8
	R3	20.7	26.9	22.8	13.1	6.2	4.1	2.2	1.5	1.3	1.2

6.2.1.3　根系抗风蚀效益

　　根系抗风蚀效益是指根系处理坡面土壤风蚀强度相对于裸土处理减小的百分数（曹晓仪，2013）。通过对 11m/s 和 14m/s 两种风速下基于输沙通量而计算的根系抗风蚀效益分析发现，14m/s 风速下各根系密度处理根系抗风蚀效益均较 11m/s 风速高（图 6-2）。具体来说，11m/s 风速下根系抗风蚀效益平均为 18.03%，14m/s 风速下根系抗风蚀效益平均为 35.71%，后者较前者平均增大 0.98 倍。同一风速下，根系抗风蚀效益随根系密度增大而增大。11m/s 风速下，R3 处理根系抗风蚀效益较 R1 可增大 1.98 倍，14m/s 风速下，R3 处理根系抗风蚀效益较 R1 增大 1.09 倍。以上结果说明，在一定风速范围内，根系抗风蚀效益随风速增大而增大。

　　该研究中，在不考虑风速这一风蚀因子条件下，通过室内风洞模拟试验构建了土壤风蚀速率和根系特征参数的关系方程。图 6-3 反映了 11m/s 和 14m/s 两种风速下，与根重密度、根长密度以及根表面积密度等根系参数的关系。两种风速下土壤风蚀速

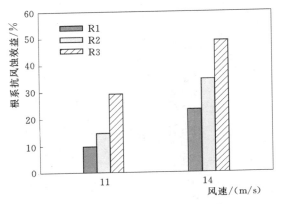

图 6 - 2　11m/s 和 14m/s 风速下不同根系
密度处理根系抗风蚀效益

率与根系特征参数（根重密度、根长密度和根表面积密度）呈线性递减趋势。同一风速下，土壤风蚀速率与根重密度的拟合效果最好（11m/s：$R^2=0.92$；14m/s：$R^2=0.94$）。

6.2.2　自然状态下根系对土壤风蚀的调控效应

6.2.2.1　风季前后表层土壤理化性质的变化

土壤在挟沙流的剪切、磨蚀以及撞击作用下会使表层土壤细颗粒大量流失，从而使粗颗粒相对富集，质地逐渐粗化，土壤养分降低（Su et al.，2002；Gomes et al.，2003；Ekhtesasi et al.，2009），因此风蚀后坡面表层土壤颗粒组成的变化可在一定程度上定性反映风蚀强度的大小。表 6 - 3 和表 6 - 4 各反映了 5° 和 15° 试验小区各处理坡面风季前（2016 年 11 月）、后（2017 年 5 月）表层（0~3cm）土壤颗粒组成、颗粒比表面积及有机质等土壤理化性质的变化。由表 6 - 3 和表 6 - 4 可知，经过 2016 年 11 月—2017 年 5 月期间的风季后，5° 和 15° 试验小区中，对照、普通密度和加倍密度等各处理坡面表层土壤中砂粒含量不同程度增加，粉粒和黏粒含量不同程度减少，土壤颗粒比表面积减小，有机质含量降低，这说明野外风蚀观测期内研究坡面发生明显的土壤风蚀。

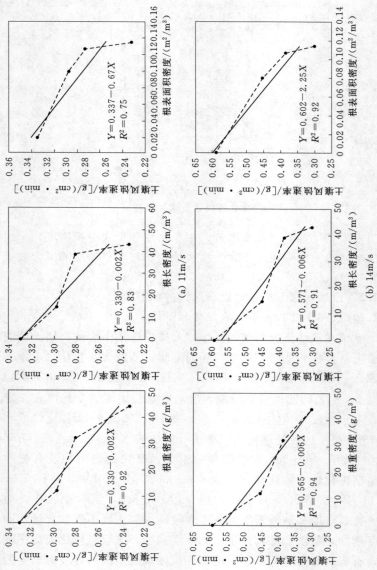

图 6 - 3　11m/s 和 14m/s 风速下土壤风蚀率与根系参数的关系

表 6-3 5°试验小区风季前后各处理坡面表层 (0～3cm) 土壤理化性质的变化

坡面处理	采样时间（年-月）	土壤颗粒组成/%			颗粒比表面积 /（m²/g）	有机质 /%
		砂粒 （50μm～2mm）	粉粒 （2～50μm）	黏粒 （<2μm）		
对照	2016-11	61.47	28.46	10.07	5.98×10⁻⁵	1.13
	2017-05	65.79	25.66	8.55	3.26×10⁻⁵	1.01
	△	4.32	−2.80	−1.52	−2.72×10⁻⁵	−0.12
普通密度	2016-11	61.07	29.45	9.48	5.77×10⁻⁵	1.11
	2017-05	65.15	26.81	9.04	3.95×10⁻⁵	1.04
	△	4.08	−2.64	−0.44	−1.82×10⁻⁵	−0.07
加倍密度	2016-11	61.07	29.45	9.48	5.77×10⁻⁵	1.23
	2017-05	64.15	26.81	9.04	3.55×10⁻⁵	1.11
	△	3.08	−2.64	−0.44	−2.22×10⁻⁵	−0.12

注　△为 2017 年 5 月与 2016 年 11 月土壤样品理化性质的差异，下同。

表 6-4 15°试验小区风季前后各处理坡面表层 (0～3cm) 土壤理化性质的变化

坡面处理	采样时间（年-月）	土壤颗粒组成/%			颗粒比表面积 /（m²/g）	有机质 /%
		砂粒 （50μm～2mm）	粉粒 （2～50μm）	粘粒 （<2μm）		
对照	2016-11	62.77	26.31	10.92	5.31×10⁻⁵	1.10
	2017-05	69.19	22.19	8.62	2.85×10⁻⁵	0.97
	△	6.42	−4.12	−2.13	−2.46×10⁻⁵	−0.13
普通密度	2016-11	62.55	27.99	9.46	5.19×10⁻⁵	1.12
	2017-05	69.05	23.07	7.88	3.05×10⁻⁵	0.94
	△	6.50	−4.92	−1.58	−2.14×10⁻⁵	−0.18
加倍密度	2016-11	62.98	26.78	10.24	5.49×10⁻⁵	1.24
	2017-05	69.90	22.07	9.03	3.31×10⁻⁵	0.93
	△	6.92	−4.71	−1.21	−2.18×10⁻⁵	−0.31

6.2.2.2 坡面土壤风蚀强度

通过对采用 [7]Be 土壤风蚀速率估算模型计算的各处理坡面土壤风蚀强度的分析发现，与裸土对照相比，5°和15°试验小区普通密度和加倍密度处理坡面土壤风蚀强度均有不同程度减小（图6-4）。具体来说，5°试验小区中，根系处理坡面土壤风蚀强度较裸土平均减小5.76%，15°试验小区中，根系处理坡面土壤风蚀强度较裸土平均减小3.56%。同一坡度下，加倍密度处理坡面土壤风蚀强度较普通密度处理坡面减小，但不明显。具体来说，5°试验小区下减小0.93%，15°试验小区下减小1.80%，平均减小1.36%。试验结果统计分析表明，普通密度处理根系抗风蚀效益为5.32%（5°试验小区）和2.68%（15°试验小区），加倍密度处理根系抗风蚀效益为6.19%（5°试验小区）和4.43%（15°试验小区）。

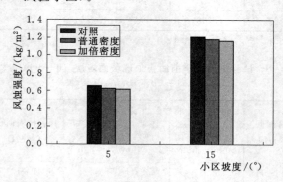

图6-4 不同处理坡面土壤风蚀强度

6.3 小结

本章通过布设沙柳根系风蚀土槽，采用室内风洞模拟的方法，研究了不同风速和根系密度处理下土壤输沙通量廓线、输沙通量分布以及风蚀速率等土壤风蚀特征，并建立了土壤风蚀速率和沙柳根系特征参数的关系方程。借助 [7]Be 核素示踪技术对野外沙柳根系风蚀试验小区进行定位观测，研究了不同坡度和根系密度处理下土壤风蚀量特征。主要结论如下：

（1）室内风洞模拟试验表明，沙柳根系对输沙通量廓线以及输沙通量随地面高度的分布特征没有影响，但其减小了地面不同高度输沙通量，与裸土相比，根系作用土壤地面不同高度输沙通量平均减小 21.58%（11m/s）和 39.38%（14m/s），基于输沙通量廓线计算的沙柳根系抗风蚀效益平均可达 26.87%；线性方程可较好地表达土壤风蚀速率与根系特征参数（根重密度、根长密度和根表面积密度）的关系。

（2）野外风蚀观测期内，沙柳根系减小了坡面土壤风蚀强度，基于[7]Be 风蚀速率模型计算的沙柳根系抗风蚀效益平均为 4.66%，野外风蚀观测印证了室内风洞模拟结果。

（3）室内风洞模拟和野外风蚀观测表明，与 11m/s 风速和 5°坡度相比，14m/s 风速和 15°坡度下，根系抗风蚀效益较高。

第7章 水蚀风蚀交错区沙柳根系对风水复合侵蚀的调控效应

风水复合侵蚀是风（气相）、水（液相）和土壤（固相）之间相互作用的过程，风水复合侵蚀的实质是一种侵蚀营力对地表物质的搬运和沉积为另一种侵蚀营力的再作用提供了物质基础或一种侵蚀营力对另一种侵蚀营力所造成的侵蚀形态的再作用过程。在陕北黄土高原水蚀风蚀交错区冬春季节的风季，风水复合侵蚀主要表现为风力对地表形态的塑造作用，而在夏秋季节的雨季，风水复合侵蚀主要表现为水力对前期风蚀所造成的侵蚀形态的再塑造作用。脱登峰等（2012b）通过室内风洞模拟＋降雨试验，定量评价了风蚀对水蚀的影响程度，结果发现前期风蚀一方面破坏了土壤结构，为后期水蚀准备了大量的易蚀性土壤颗粒；另一方面前期风蚀改变了坡面微地貌和土壤物理性质，促进了后期水蚀的发生发展。孙喜军（2012）也通过室内风洞与降雨模拟试验探讨了风蚀对水蚀的影响。李超（2016）研究表明，由于风蚀而出露土壤的植被根系可以阻挡气流对土壤颗粒的撞击和磨蚀，且在一定风速和根系条件下还可降低气流湍流度。根系可稳定表土层结构，提高土壤抗剪切能力。综上所述，植被根系可能会影响风蚀对表层土壤形态的塑造作用，进而影响后期水蚀的发生发展。因此，有必要针对植被根系对风水复合侵蚀的影响进行研究，以初步揭示根系抗风水复合侵蚀的作用机理。

鉴于此，本章通过室内模拟先风蚀后水蚀的交替试验，探讨风水复合侵蚀下根系对坡面产流产沙特性的影响。此项研究工作，对于深化认识根系抗风水复合侵蚀的作用机理具有一定的借鉴意义。

7.1　实验材料与研究方法

7.1.1　试验土槽布设

试验土槽布设的具体内容见 5.1.1.1 节。

7.1.2　根系抗风水复合侵蚀的室内模拟

该部分试验在中国科学院水利部水土保持研究所黄土高原土壤侵蚀与旱地农业国家重点试验室人工模拟降雨大厅和风洞实验室进行。该研究采用先风蚀后水蚀的顺序进行试验，且风洞与模拟降雨试验只进行 1 次交替。考虑到试验成本和可操作性，该研究选择了 11m/s×60mm/h 和 14m/s×100mm/h 两个风水交互水平，具体试验设计如下：风洞试验结束后，在试验土槽上安装截流槽和四周降雨挡板，并调节土槽坡度至 15°，而后将土槽缓慢转移至降雨区，这一过程尽量保证土槽表面不产生裂缝。11m/s 风速风蚀后土样在 60mm/h 雨强下进行降雨，14m/s 风速风蚀后土样在 100mm/h 雨强下进行降雨，具体试验方法、过程和坡面流水动力学参数计算见 5.1.1.2 节和 6.1.1.2 节。

7.2　结果与分析

7.2.1　风水复合侵蚀下根系对坡面产流时间的影响

通过对两种风蚀水蚀交互水平（11m/s×60mm/h 和 14m/s×100mm/h）下不同根系密度处理（CK：裸土；R1：低密度；R2：中密度；R3：高密度）坡面初始产流时间分析发现，风蚀后含根土壤坡面初始产流时间整体上较裸土长，且根系密度越大，坡面初始产流时间越长（图 7-1），从图 7-1 还可以看出，11m/s×60mm/h 风蚀水蚀交互水平下坡面初始产流时间延长较为明显。与 CK 相比，11m/s×60mm/h 风蚀水蚀交互水平下坡面初始产流时间可延长 5.50min，而 14m/s×100mm/h 风蚀水蚀交互水平下坡面初始产流时间只延长了 2.10min。结果说明风水交互作用下根系可以延长坡面产流时间，且根系密度越大，延长作用越明显，但在一定范围内，风蚀水蚀交互水平增大，根系延长坡面产流时间的作用减弱。

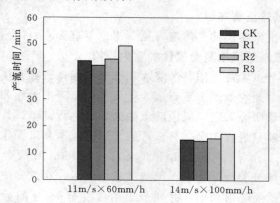

图7-1　不同风蚀水蚀交互水平和根系密度
处理下坡面产流时间

7.2.2　风水复合侵蚀下根系对坡面入渗的影响

图7-2反映了两种风蚀水蚀交互水平（11m/s×60mm/h和14m/s×100mm/h）下不同根系密度处理土壤平均入渗率随降雨历时的变化过程。从图7-2可以看出，4种根系密度处理坡面土壤平均入渗率随降雨历时变化的总趋势基本相同，即土壤平均入渗率随降雨历时的延长呈减小并趋于稳定。由图7-2分析可知，两种风蚀水蚀交互水平下含根土壤平均入渗率整体上高于裸土，且根系密度较大时（R3），土壤入渗率增大明显。从图7-2还可以看出含根土壤平均入渗率的变化在两种风蚀水蚀交互水平下表现出一定差异性。具体来说，与裸土相比，11m/s×60mm/h风蚀水蚀交互水平下含根土壤入渗率增幅较大（2.70%～11.72%），而14m/s×100mm/h风蚀水蚀交互水平下含根土壤入渗率增幅较小（1.89%～6.80%），结果说明风水交互作用下根系可以增大土壤入渗，且根系密度越大，增大土壤入渗作用越明显，但在一定风蚀水蚀交互水平范围内，风蚀水蚀交互水平增

大，根系增大土壤入渗的作用减弱。

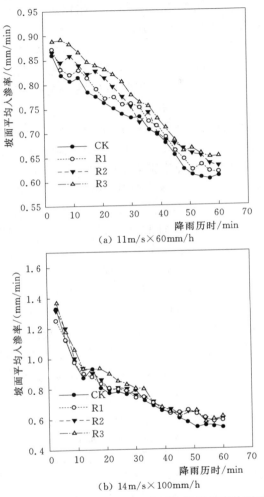

（a）11m/s×60mm/h

（b）14m/s×100mm/h

图 7-2　不同风蚀水蚀交互水平和根系密度处理下
坡面入渗率随降雨历时变化

7.2.3　风水复合侵蚀下根系对坡面水动力学特征的影响

通过对两种风蚀水蚀交互水平（11m/s×60mm/h 和 14m/s×

100mm/h）下不同根系密度处理（CK、R1、R2 和 R3）坡面水动力学参数的变化分析发现，与 CK 相比，含根土壤坡面流流速、雷诺数和单位水流功减小、水深、水流切应力和阻力系数增大，且随根系密度增大，含根土壤坡面水动力学参数变化幅度增大（表 7-1）。总的来说，与裸土相比，含根土壤坡面水动力强度在一定程度上有所减小，这说明风水复合侵蚀下根系具有一定的削减坡面水动力强度的作用。

　　两种风蚀水蚀交互水平下含根土壤坡面水动力学参数的变化幅度表现出一定的差异性，11m/s×60mm/h 风蚀水蚀交互水平下，与裸土相比，含根土壤坡面流流速减小 13.03%～30.13%，雷诺数减小 7.78%～19.77%，单位水流功率减小 13.22%～29.75%，水深增大 6.19%～15.46%，水流切应力增大 6.07%～14.98%，阻力系数增大 44.44%～133.33%。而 14m/s×100mm/h 风蚀水蚀交互水平下，含根土壤坡面流流速减小 5.90%～18.29%，雷诺数减小 2.01%～10.53%，单位水流功率减小 6.25%～18.30%，水深增大 3.89%～9.44%，水流切应力增大 4.17%～9.43%，阻力系数增大 20%～60%。总的来说，11m/s×60mm/h 风蚀水蚀交互水平下含根土壤坡面流水动力学参数变化幅度较大，而 14m/s×100mm/h 风蚀水蚀交互水平下含根土壤坡面流水动力学参数变化幅度较小，结果说明一定风蚀水蚀交互水平范围内，风蚀水蚀交互水平增大，根系削减坡面水动力强度的作用减弱。

表 7-1　　　　　不同风水交互水平和根系密度处理
下坡面水动力学参数特征

风蚀水蚀交互水平	处理	坡面流水动力学参数					
		流速 /(cm/s)	水深 /mm	雷诺数 Re	单位水流功率 /(cm/s)	水流切应力 /(N/m²)	阻力系数
11m/s× 60mm/h	CK	4.68	0.97	48.57	1.21	2.47	0.09
	R1	4.07	1.03	44.79	1.05	2.62	0.13
	R2	3.64	1.10	42.76	0.94	2.80	0.17
	R3	3.27	1.12	38.97	0.85	2.84	0.21

续表

风蚀水蚀交互水平	处理	坡面流水动力学参数					
		流速/(cm/s)	水深/mm	雷诺数 Re	单位水流功率/(cm/s)	水流切应力/(N/m²)	阻力系数
14m/s×100mm/h	CK	8.64	1.80	165.79	2.24	4.56	0.05
	R1	8.13	1.87	162.46	2.10	4.75	0.06
	R2	7.77	1.94	160.93	2.01	4.93	0.07
	R3	7.06	1.97	148.34	1.83	4.99	0.08

图 7-3 反映了两种风蚀水蚀交互水平（11m/s×60mm/h 和 14m/s×100mm/h）下不同根系密度处理坡面径流率随降雨历时的变化，与土壤入渗相反，四种根系密度处理下坡面径流率随降雨历时均先增大而后趋于稳定。由图 7-3 分析可知，相对于裸土，两种风蚀水蚀交互水平下含根土壤坡面径流率均有不同程度减小，且根系密度较大时，土壤坡面径流率减小幅度较大。从图 7-3 还可以看出，含根土壤径流率的变化在两种风蚀水蚀交互水平下表现出一定差异性。具体来说，与裸土相比，11m/s×60mm/h 风蚀水蚀交互水平下，坡面径流率减小幅度较大（7.78%～19.74%），而 14m/s×100mm/h 风蚀水蚀交互水平下，坡面径流率减小幅度较小（2.08%～7.31%）。结果说明风水交互作用下根系可以减小土壤径流，且根系密度越大，减小径流作用越明显，但一定风蚀水蚀交互水平范围内，风蚀水蚀交互水平增大，根系减小土壤径流的作用减弱。

7.2.4 风水复合侵蚀下根系对坡面产流的影响

图 7-4 反映了两种风蚀水蚀交互水平（11m/s×60mm/h 和 14m/s×100mm/h）下不同根系密度处理坡面土壤侵蚀率随降雨历时的变化。从图 7-4 可以看出，两种风蚀水蚀交互水平下，随降雨历时的延长，含根土壤侵蚀率整体上较裸土偏小，其中 R2 和 R3 处理土壤侵蚀率减小明显。从土壤侵蚀率随降雨历

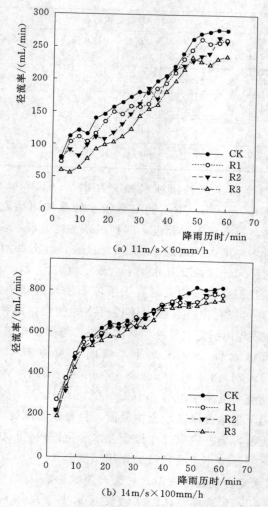

图 7-3　不同风蚀水蚀交互水平和根系密度处理
下坡面径流率随降雨历时变化

时的变化趋势来看，含根土壤尤其是 R2 和 R3 处理与裸土明显
不同。裸土坡面侵蚀率随降雨历时的延长整体上呈波动增大趋

势，而含根土壤尤其是 R2 和 R3 处理坡面侵蚀率随降雨历时的延长呈先增大后减小最后趋于稳定。

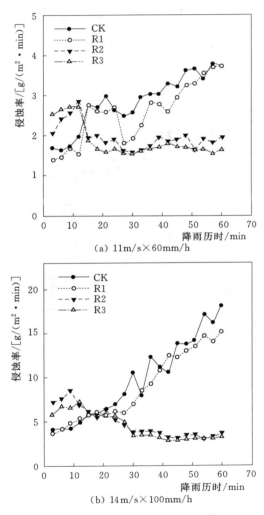

(a) 11m/s×60mm/h

(b) 14m/s×100mm/h

图 7-4 不同风蚀水蚀交互水平和根系密度处理
下坡面侵蚀率随降雨历时变化

坡面土壤侵蚀过程中，径流泥沙浓度的变化反映了水沙关系的演变。图7-5反映了两种风蚀水蚀交互水平（11m/s×

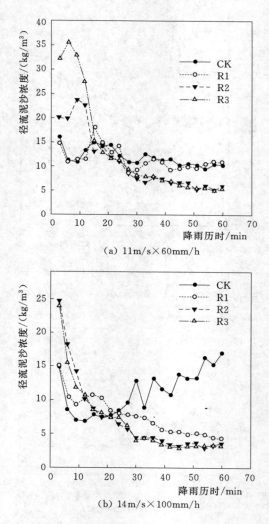

(a) 11m/s×60mm/h

(b) 14m/s×100mm/h

图7-5　不同风蚀水蚀交互水平和根系密度处理
下坡面径流泥沙浓度随降雨历时变化

60mm/h 和 14m/s×100mm/h）下不同根系密度处理坡面径流泥沙浓度随降雨历时的变化。从图 7-5 可以看出，两种风蚀水蚀交互水平（11m/s×60mm/h 和 14m/s×100mm/h）下，含根土壤径流泥沙浓度随降雨历时的延长呈减小趋势，而裸土径流泥沙浓度在 14m/s×100mm/h 风蚀水蚀交互水平下随降雨历时延长呈先减小而增大的趋势。此外，含根土壤径流泥沙浓度除在降雨前期（前 15min 降雨历时内）较裸土高外，降雨 15min 以后其变化曲线均位于裸土下方。

试验结果统计表明，两种风蚀水蚀交互水平（11m/s×60mm/h 和 14m/s×100mm/h）下，不同根系密度处理土壤平均侵蚀率较裸土均有不同程度减小［图 7-6（a）］。由图 7-6（b）可知，同一风蚀水蚀交互水平下，根系减沙效益随根系密度增大而增大，两种风蚀水蚀交互水平下，根系减沙效益最高可达 61.56%，最低为 6.53%，平均为 37.21%。从图 7-6（b）还可以看出，两种风蚀水蚀交互水平（11m/s×60mm/h 和 14m/s×100mm/h）下，根系减沙效益有所差异。11m/s×60mm/h 风蚀水蚀交互水平下，根系减沙效益平均为 30.70%，11m/s×60mm/h 下，根系减沙效益平均为 43.72%，结果说明，在一定风蚀水蚀交互水平范围内，根系减沙效益随风蚀水蚀交互水平增大而增大。

图 7-7 反映了两种风蚀水蚀交互水平（11m/s×60mm/h 和 14m/s×100mm/h）下土壤侵蚀率与根重密度、根长密度以及根表面积密度等根系特征参数的关系。由图 7-7 可知，两种风蚀水蚀交互水平下随根重密度、根长密度以及根表面积密度等根系参数的增大，土壤侵蚀率呈单调递减趋势。通过对土壤侵蚀率与三种根系参数的拟合分析发现，线性函数可以较好地体现风水复合侵蚀下土壤侵蚀率与根系参数的关系，其中，土壤侵蚀率与根长密度的拟合效果最好。

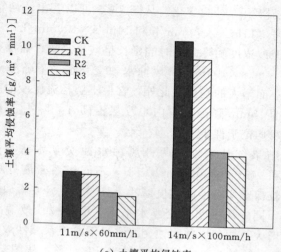

（a）土壤平均侵蚀率

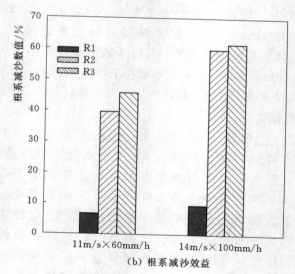

（b）根系减沙效益

图 7-6　不同风蚀水蚀交互水平和根系密度处理下
土壤平均侵蚀率和根系减沙效益

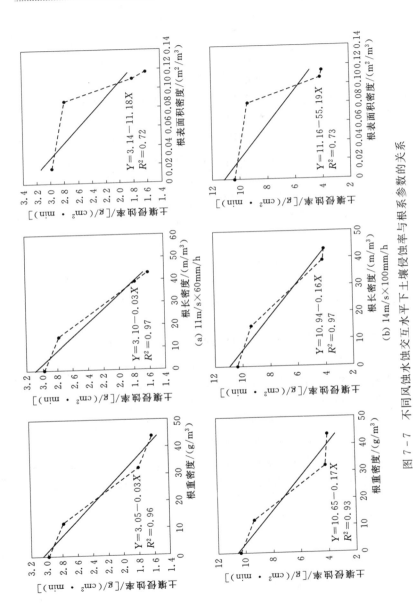

图 7 - 7 不同风蚀水蚀交互水平下土壤侵蚀率与根系参数的关系

7.3　小结

本章通过采用先风蚀后水蚀的室内模拟风洞＋降雨试验，研究了 $11m/s \times 60mm/h$ 和 $14m/s \times 100mm/h$ 两种风蚀水蚀交互水平下不同根系密度处理（裸土、R1、R2 和 R3）坡面初始产流时间、入渗速率、坡面水动力学特征、径流强度、坡面产沙率等土壤侵蚀特征，探讨了风水复合侵蚀下沙柳根系对坡面产流产沙特性的影响，并建立了风水复合侵蚀下土壤侵蚀速率与沙柳根系特征参数的关系方程。主要结论如下：

（1）沙柳根系延长了坡面初始产流时间，提高了土壤入渗速率，减小了坡面流速、雷诺数、单位水流功率，增大了水深、水流切应力和水流阻力系数，减小坡面径流强度，但与 $11m/s \times 60mm/h$ 风蚀水蚀交互水平相比，与 $11m/s \times 60mm/h$ 风蚀交互水平相比对坡面入渗产流和坡面水动力参数的影响作用减弱。

（2）沙柳根系改变了坡面侵蚀产沙随降雨历时的变化趋势，与裸土坡面侵蚀率随降雨历时延长呈波动增大趋势不同，含根坡面侵蚀率随降雨历时延长呈先增大后减小并趋于稳定；室内先风蚀后水蚀的模拟试验下，沙柳根系减沙效益最高可达 61.56%，平均为 37.21%，与 $11m/s \times 60mm/h$ 风蚀水蚀交互水平相比，与 $11m/s \times 60mm/h$ 下根系减沙效益较高。

（3）线性方程可较好地表达风水复合侵蚀下土壤侵蚀速率与根系特征参数（根重密度、根长密度和根表面积密度）的关系。

主要参考文献

曹晓仪，2013. 根系抗风蚀性的风洞模拟研究 [D]. 西安：陕西师范大学.

陈丽华，余新晓，宋维峰，等，2008. 林木根系固土力学机制 [M]. 北京：科学出版社.

丁军，王兆骞，陈欣，等，2002. 红壤丘陵区林地根系对土壤抗冲增强效应的研究 [J]. 水土保持学报，16（4）：9-11.

郭明明，王文龙，史倩华，等，2016. 黄土高原沟壑区退耕地土壤抗冲性及其与影响因素的关系 [J]. 农业工程学报，32（10）：129-136.

雷俊山，杨勤科，2004. 坡面薄层水流侵蚀试验研究及土壤抗冲性评价 [J]. 泥沙研究，6：22-26.

李超，2016. 土壤根系含量对风蚀影响的风洞模拟研究 [D]. 西安：陕西师范大学.

李强，刘国彬，张正，等，2017. 黄土风沙区根系强化抗冲性土体构型的定量化研究 [J]. 中国水土保持科学，15（3）：99-104.

李勇，朱显谟，田积莹，1991. 黄土高原植物根系提高土壤抗冲性的有效性 [J]. 科学通报，36（12）：935-938.

李勇，徐晓琴，朱显谟，等，1993. 植物根系与土壤抗冲性 [J]. 水土保持学报，7（3）：12-18.

李勇，武淑霞，夏侯国风，1998. 紫色土区刺槐林根系对土壤结构的稳定作用 [J]. 土壤侵蚀与水土保持学报，4（2）：1-7.

李元元，王占礼，2017. 高分子多肽衍生物防治风蚀的风洞试验 [J]. 农业工程学报，33（5）：149-155.

刘国彬，1998. 黄土高原草地土壤抗冲性及其机理研究 [J]. 土壤侵蚀与水土保持学报，12（1）：93-96.

刘国彬，1996. 黄土高原草地土壤抗冲性及其机理研究 [D]. 杨凌：中国科学院水利部水土保持研究所.

刘晓冰，王光华，森田茂纪，2001. 根系研究的现状与展望（上）[J]. 世界农业，（8）：33-35.

刘章，2016. 黄土高原水蚀风蚀交错带坡耕地土壤风蚀规律的^{7}Be 示

踪研究 [D]. 杨陵：西北农林科技大学.

吕萍，董治宝，赵爱国，等，2011. 灌丛密度对沙粒力度和起动风速影响研究 [J]. 泥沙研究，3：63 - 66.

毛瑢，孟广涛，周跃，2006. 植物根系对土壤侵蚀控制机理的研究 [J]. 水土保持研究，13（2）：241 - 244.

蒋定生，李新华，范兴科，等，1995. 黄土高原土壤崩解速率变化规律及影响因素研究 [J]. 水土保持通报，15（3）：20 - 27.

蒋定生，1997. 黄土高原水土流失与治理模式 [M]. 北京：中国水利水电出版社.

史东梅，陈晏，2008. 紫色丘陵区农林混作模式的土壤抗冲性影响因素 [J]. 中国农业科学，41（5）：1400 - 1409.

瞿文斌，及金楠，陈丽华，等，2017. 黄土高原植物根系增强土体抗剪强度的模型与试验研究 [J]. 北京林业大学学报，39（12）：79 - 87.

上官周平，2010. 黄土区植被对坡面水蚀过程调控的生态学机理 [J/OL]. http：//www. iswc. cas. cn/xwzx/200602/t20060214_2547629. html.

孙喜军，杨明义，张风宝，等，2012. 利用风洞试验研究[7]Be 示踪估算土壤风蚀速率的可行性 [J]. 水土保持学报，26（3）：22 - 26.

脱登峰，许明祥，郑世清，等，2012. 黄土高原风蚀水蚀交错区侵蚀产沙过程及机理 [J]. 应用生态学报，23（12）：3281 - 3287.

王芝芳，杨亚川，赵作善，等，1996. 土壤—草本植被根系复合体抗水蚀能力的土壤力学模型 [J]. 中国农业大学学报，1（2）：39 - 45.

吴钦孝，赵鸿雁，2001. 植被保持水土的基本规律和总结 [J]. 水土保持学报，15（4）：13 - 15.

杨明义，田均良，刘普灵，等，2001.[137]Cs 示踪研究小流域土壤侵蚀与沉积空间分布特征 [J]. 自然科学进展，11（1）：71 - 75.

杨亚川，莫永京，王芝芳，等，1996. 土壤-草本植被根系复合体抗水蚀强度与抗剪强度的试验研究 [J]. 中国农业大学学报，1（2）：31 - 38.

姚喜军，刘静，李为萍，等，2008. 快剪条件下沙柳和白沙蒿根-土复合体抗剪特性初探 [J]. 内蒙古水利，5（1）：82 - 84.

苑淑娟，牛国权，刘静，等，2009. 瞬时拉力下两个生长期 4 种植物单根抗拉力与抗拉强度的研究 [J]. 水土保持通报，（5）：21 - 25.

张光辉，2002. 冲刷时间对土壤分离速率定量影响的实验模拟 [J]. 水土保持学报，16（2）：1 - 4.

张光辉，2017. 退耕驱动的近地表特性变化对土壤侵蚀的潜在影响 [J]. 中国水土保持科学，15（4）：143 - 154.

张加琼，刘章，杨明义，等，2018. 黄土高原水蚀风蚀交错带坡面土壤侵蚀特征及其影响因素［J］. 水土保持研究，25（1）：1-7.

张家洋，朱凤荣，张金池，等，2010. 江宁小流域主要植被类型土壤抗蚀性研究［J］. 中国农学通报，26（5）：72-76.

张金池，藏廷亮，曾锋，2001. 岩质海岸防护林树木根系对土壤抗冲性的强化效应［J］. 北京林业大学学报，25（1）：9-12.

赵春红，高建恩，徐震，2013. 牧草调控绵沙土坡面侵蚀机理［J］. 应用生态学报，24（1）：113-121.

赵永来，陈智，孙悦超，等，2010. 植被覆盖地表抗冲性能的测试与研究［J］. 农机化研究，32（7）：1-4.

朱锦奇，王云琦，王玉杰，等，2018. 基于植物生长过程的根系固土机制及 Wu 模型参数优化［J］. 林业科学，54（4）：49-57.

朱显谟，1960. 黄土高原地区植被因素对于水土流失的影响［J］. 土壤学报，8（2）：110-120.

周正朝，2007. 黄土区植物根系与冠层对土壤侵蚀的调控作用及其对变化环境的响应［D］. 杨凌：中国科学院教育部水土保持与生态环境研究中心.

周正朝，上官周平，2006. 子午岭次生林植被演替过程的土壤抗冲性［J］. 生态学报，26（10）：3271-3275.

BURROUGHS L F，1977. Stability of patulin to sulfur dioxide and to yeast fermentation. ［J］. Journal - Association of Official Analytical Chemists，60（1）：100.

BUI E. N，1993. Growing corn root effects on interril soil erosion［J］. Soil Science Society of Americal Journal（57）：1066-1070.

DE BASTS S，POESEN J，REUBENS B，et al.，，2008，Root tensile strength and root distribution of typical Mediterranean plant species and their contribution to soil shear strength［J］. Plant Soil，305：207-226.

DE BAETS S，MEERSMANS，J 2011. Cover crops and their erosion - resucing effects during concentrated flow erosion［J］. Catena，85（3）：237-244.

DER G L，BOR S H，SHIN H L，2010. 3 - D numerical investigations into the shear strength of the soil - root system of Makino bamboo and its effect on slope stability［J］. Ecological Engineering，36：992-1006.

EHSAN A B M，MARIA G，HASSAN R，2010. Quantifying the effects of root reinforcement of Persian Ironwood（Parrotia persica）on slope stability: a case study: Hillslope of Hyrcanian forests, northern Iran [J]. Ecological Engineering, 36: 1409 – 1416.

Ekanayake J C, Phillips C J, 2002. Slope stability thresholds for vege-tatedhillslopes: a composite model [J]. Canadian Geotechnical Journal, 39 (4): 849 – 862.

FAN LM, LI C, CHEN JP, et al. , 2016 Mineral resources geological hazard and prevention and control technology in the high strength exploration area [M]. Beijing: Science Press.

Gray DH, Leiser AT, 1999. Biotechnical slope protection and erosion control [M]. New York: Van Nostrand Reinhold Company Inc. , 1982. Geotechnical Journal, 36 (6): 1172 – 1184.

GYSSELS G, BOCHET E, 2005. Impact of plant roots on the resistance of soils to erosion by water: A review [J]. Process in Physical Geography, 29 (2): 189 – 217.

GYSSELS G, KNAPEN A, VAN DESSEL W, et al, 2007. Effects of double drilling of small grains on soil erosion by concentrated flow and crop yield [J]. Soil and Tillage Research, 93: 379 – 390.

GYSSELS G, POESEN J, BOCHET E, et al, 2006. Effects of cereal roots on detachment rates of single – and double – drilled topsoils during con-centrated flow [J]. European Journal of Soil Science, 57: 381 – 391.

GUTIÉRREZ G, SCHNABEL S, CONTADOR F L, 2009. Gullyerosion, land use and topographical thresholds during the last 60 years in a small rangeland catchment in SW Spain [J]. Land Degradation and Development, 20 (5): 535 – 550.

Hales S, 1927. Vegetable staticks: or, An account of some statical ex-periments on the sap in vegetables.

Holch A E, 1931. Development ofroots and shoots of Certain Deciduous tree seedlings in different forest Sites [J]. Ecology, 12 (2): 259 – 298.

Joseph L, Pikul J, Kristian J A, 2003. Water infiltration and storage af-fected by subsoiling andsubsequent tillage [J]. Soilence Society of America Journal, 67 (3): 859 – 866.

Kutschera W, 1960. Clinical contribution to the pathogenesis of hyper-fermentemia. Transferases in myocardial infarct and hepatitis [J]. Wiener Klinische Wochenschrift, 72: 645 – 647.

Loades KW, Bengough AG, Bransby MF, Hallett PD, 2015. Effect of root age on the biomechanics of seminal and nodal roots of barley (Hordeum vulgare L.) in contrasting soil Environments [J]. Plant Soil, 395: 253 – 261.

Li Q, Liu G B, Zhang Z, et al, 2017, Relative contribution of root physical enlacing and biochemistrical exudates to soil erosion resistance in the Loess soil [J]. Catena, 153: 61 – 65.

Li Q, Liu G B, Zhang Z, 2016. Structural stability and erodibility of soil in an age sequence of artificial Robinia pseudoacacia in the hilly Loess Plateau, China [J]. Polish J. Environ. Studies, 25: 1595 – 1601.

Marie Genet N K, Alexia S, Thierry F, et al, 2008. Root reinforcement in plantations of Cryptomeria japonica D. Don: effect of tree age and stand structure on slope stability [J]. Forest Ecology and Management, 256: 1517 – 1526.

Osterkamp WR, Hupp CR, Stoffel M, 2012. The interactions between vegetation and erosion: new directions for research at the inter – face of ecology and geomorphology [J]. Earth Surface Processes and Landforms, 37 (1): 23 – 36.

Pollen N, Simon A, 2005. Estimating the mechanical effects of riparian vegetation on stream bank stability using a fiber bundle model [J]. Water Resources Research, 41 (7): 226 – 244.

Pollen N, Simon A, Colloson A J C, 2004. Advances in assessing the mechanical and hydrologic effects of riparian vegetation on streambank stability [M] //Bennett S, Simon A. Riparian Vegetation and Fluvial Geomorphol. Water Sci Appl Ser, Vol. 8. AGU, Washington, DC: 125 – 139.

Schmidt S, Bengough AG, Gregory PJ, Otten W, 2012. Estimating root – soil contact from 3D X – ray microtomographs [J]. European Journal of Soil Science, 63 (6): 776 – 786.

SCHWARZ M, Cohen D, D Or, 2011. Pullout tests of root analogs and natural root bundles in soil: Experiments and modeling [J]. Journal of Geophysical Research, 116: F02007.

SCHWARZ M, Cohen D, D Or, 2010. Soil – root mechanical interactions during pullout and failure of root bundles [J]. Geophys Res, 115: F04035.

Smith DM, 2001. Estimation of tree root lengths using fractal branching rules: a comparison with soil coring for Grevillea robusta [J]. Plant Soil,

229 (2): 295 – 304.

Tien HW, 2013. Root reinforcement of soil: review of analytical models, test results, and applications to design [J]. Canadian Geotechnical Journal (50): 259 – 274.

WALDRON L J, Dakessian S, 1981. Soil reinforcement by roots: Calculation of increased soil shear resistance from root properties [J]. Soil Sci (132): 427 – 435.

Wang B, Zhang G H, Yang Y F, et al, 2018. The effects of varied soil properties induced by natural grassland succession on the process of soil detachment. Catena, 166: 192 – 199.

Wang B, Zhang G H, Yang Y F, et al, 2018. Response of soil detachment capacity to plant root and soil properties in typical grasslands on the Loess Plateau. Agriculturae, Ecosystems, Environment, 266: 68 – 75.

Weaver J E, 1926. Root development of field crops. New York: McGraw – Hill.

Wutien H, 2013. Root reinforcement of soil: review of analytical models, test results, and applications to design [J]. Canadian Geotechnical Journal, 50 (3): 259 – 274.

Zhou ZC, Shuangguan ZP, 2005. Soil anti – scouribility enhanced by plant roots [J]. Journal Integrative Plant Biology, 47: 676 – 682.